齐齐哈尔市农业气候区划

主　编　高宪双
副主编　周　锋　关宁欣

气象出版社
China Meteorological Press

内容简介

本书介绍了黑龙江省齐齐哈尔市的自然环境及气候变化特征，分析了齐齐哈尔市农业气候资源、主要农业气象灾害和主要农作物农业气象指标，在此基础上，进行多气候因素的精细化农业气候资源区划，将齐齐哈尔市划分为南部温暖干旱农业气候区、中西部温和半干旱农业气候区、中北部温凉半湿润农业气候区、西部丘陵漫岗温凉半湿润半农半牧气候区、东北部浅山波状平原冷凉农业气候区，旨在为齐齐哈尔市合理配置农业生产、改进耕作制度及重大农业技术决策提供依据。本书可供从事农业、气象、生态、林业资源开发利用及其发展规划等方面的生产、科研、教学及管理部门的人员参考。

图书在版编目（CIP）数据

齐齐哈尔市农业气候区划 / 高宪双主编. -- 北京 : 气象出版社, 2023.4
ISBN 978-7-5029-7964-5

Ⅰ. ①齐… Ⅱ. ①高… Ⅲ. ①农业区划－气候区划－齐齐哈尔 Ⅳ. ①S162.235.3

中国国家版本馆CIP数据核字(2023)第071969号

齐齐哈尔市农业气候区划

Qiqihaer Shi Nongye Qihou Quhua

出版发行：气象出版社
地　　址：北京市海淀区中关村南大街 46 号　　邮政编码：100081
电　　话：010-68407112(总编室)　010-68408042(发行部)
网　　址：http://www.qxcbs.com　　E-mail：qxcbs@cma.gov.cn
责任编辑：刘瑞婷　　终　　审：张　斌
责任校对：张硕杰　　责任技编：赵相宁
封面设计：楠竹文化
印　　刷：北京建宏印刷有限公司
开　　本：710 mm×1000 mm　1/16　　印　　张：5
字　　数：101 千字
版　　次：2023 年 4 月第 1 版　　印　　次：2023 年 4 月第 1 次印刷
定　　价：58.00 元

前　言

齐齐哈尔的名称源于达斡尔语，为“天然牧场”之意。它位于世界三大黑土带之一的松嫩平原腹地，地处北纬 47°，空气清新、水质优良、土壤肥沃，长期以来一直是国家重要的商品粮基地、畜牧业基地和绿色食品基地。

粮食安全是“国之大者”。近年来，齐齐哈尔市围绕传统农业资源禀赋优势，着力提高农业综合生产能力和现代化生产水平。全市耕地总面积为 4356 万亩①，2022 年粮食产量 240 亿斤②，实现“十五连丰”。

2022 年 2 月，国务院印发的《“十四五”推进农业农村现代化规划》（简称《规划》）要求气象部门强化农业气象服务，提升抗风险能力，黑龙江省《气象发展“十四五”规划》中也明确提出了防灾减灾、应对气候变化和农业及粮食安全保障方面的具体要求。

齐齐哈尔市气象局积极保障齐齐哈尔市农业现代化发展，擦亮“寒地黑土”这张全国消费者心目中的“金色名片”，将《规划》中“强化农业气象服务”的目标落到实处，对 2015 年发布的《齐齐哈尔市农业气候区划》进行修订。本次修订融合了齐齐哈尔市近几年的气候资料，对原来不够精准的区划图进行调整；依托“天擎”气象数据库中的气候要素资料，构建起本地化的农业气象模型，进而推导出精细化农业气候资源数据产品；在对特色作物生物气象指标广泛调研的基础上，结合以上网格产品对齐齐哈尔市重点作物品类进行农业气候区划。这些区划成果将在指导全市农业种植结构调整和合理利用气候资源方面发挥非常重要的作用。

本次农业气候区划，立足于齐齐哈尔市“十四五”现代化农业发展，服务于“高标准农田”需求，结合齐齐哈尔市北纬 47°黄金种植带地标优势，区划成果必将为齐齐哈尔市未来 10 年的气候资源开发利用、种植业结构调整、环境评估决策、农业科研创新等方面提供科学依据。

齐齐哈尔市农业气候区划研究组

2022 年 11 月

---

① 1 亩＝666.67 m^2，全书同。

② 1 斤＝500 g，全书同。

目　录

第一章 自然环境

一、地理概况

齐齐哈尔市地处东北松嫩平原，地势北高南低，海拔高度一般在 200～500 m（详见图 1），位于东经 122°～126°、北纬 45°～48°，坐落于黑龙江省、吉林省、内蒙古自治区交界处，东邻大庆市和绥化市，南接吉林省白城市，西靠内蒙古呼伦贝尔市，北与黑河市、大兴安岭地区接壤。齐齐哈尔市于 1691 年建城，古称卜奎，清代黑龙江将军府所在地，1954 年前曾作为省会城市，是黑龙江省第二大城市，是哈大齐（哈尔滨—大庆—齐齐哈尔）工业走廊西端的中心节点，是国家重要的老工业基地、商品粮基地、畜牧业基地和绿色食品基地，是黑龙江省乃至东北西部地区的经济、文化、商贸中心和交通枢纽，1984 年被国务院确定为全国 13 个较大城市之一，因境内国家级扎龙自然保护区生息繁衍着世界珍禽丹顶鹤，又有“鹤城”之称。该市先后荣膺中国绿色食品之都、中国魅力城市、中国优秀旅游城市、共和国 60 年最具投资潜力城市、世界烤肉之都。齐齐哈尔市下辖 7 个市辖区（龙沙区、建华区、铁锋区、富拉尔基区、昂昂溪区、碾子山区、梅里斯达斡尔族区）、1 个县级市（讷河市）和 8 个县（甘南县、龙江县、克山县、克东县、依安县、拜泉县、泰来县、富裕县），辖区面积 4.2469 万 km^2，总人口 406.75 万。

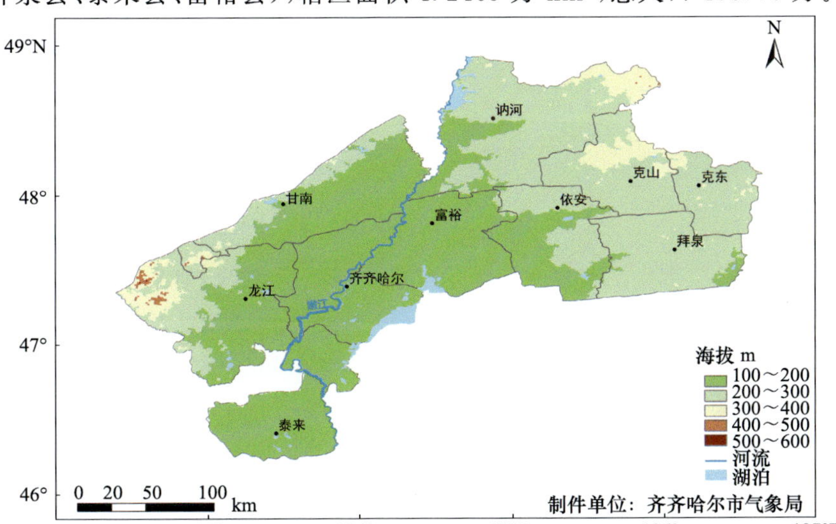

图 1.1 齐齐哈尔高程图①

① 等级划分标准：等级数值划分区域包含小值，不包含大值，全书同。

土地资源

齐齐哈尔市拥有耕地面积 4355.79 万亩，草地面积 174.46 万亩，林地面积 630.16 万亩。

土壤分类

齐齐哈尔市土壤主要有暗棕壤（含生草暗棕壤、草甸暗棕壤）、黑土、黑钙土（含淋溶黑钙土、草甸黑钙土、碳酸盐草甸黑钙土、黑钙土、碳酸盐黑钙土）、草甸土（含草甸土、碳酸盐草甸土、潜育草甸土、盐化草甸土、层状草甸土）、沼泽土（含草甸沼泽土、腐殖质沼泽土、盐化沼泽土）、草甸碱土、砂土（含草甸黑钙土型砂土、黑钙土型砂土）。齐齐哈尔市大部分土壤具有热量高、透性好、质地轻的优点。

林木资源

齐齐哈尔市林地面积 630.16 万亩，森林面积 494.06 万亩，灌木林地面积 51.43 万亩，其他林地面积 84.67 万亩，森林覆盖率为 7.8％。

水利资源

齐齐哈尔市境内江河纵横，地表水共有大小江河 174 条，湖泡 859 个。嫩江干流由北向南纵贯全市，树枝状发育的嫩江水系像叶脉一样布满全市。其中，发源于大兴安岭东侧流经齐齐哈尔市的主要河流有诺敏河、阿伦河、音河、雅鲁河、绰尔河，发源于小兴安岭西侧的主要河流有讷漠尔河、乌裕尔河、双阳河以及呼兰河支流通肯河，统称“一江九河”。齐齐哈尔市有地下水含水层 15 个，在平原潜水分布区，含水层调蓄能力强，补给量充沛，地下水埋藏浅，便于开发利用。齐齐哈尔市江河天然水质好，地下水可满足饮用水要求。

二、基本气候特征

总体气候特征

齐齐哈尔市属温带大陆性季风气候，四季特点十分明显：春季干旱多风，夏季炎热多雨，秋季短暂霜早，冬季干冷漫长。齐齐哈尔南部属温暖干旱农业气候区，中西部属温和半干旱农业气候区，中北部属温凉半湿润农业气候区，西部属丘陵漫岗温凉半湿润半农半牧气候区，东北部属浅山波状平原冷凉农业气候区。

齐齐哈尔市常年（1991—2020 年，下同）年平均气温在 2.5 ℃（克东）～5.3 ℃（泰来）（图 1.2）；年日照时数为 2479 h（拜泉）～2935 h（甘南），生长季（5—9 月，下同）日照时数为 1159～1341 h（图 1.3）；年降水量在 409 mm（泰来）～549 mm（克东）（图 1.4），生长期降水量一般在 360～475 mm，占年降水量的 85％以上；年平均无霜期为 126～145 d。

齐齐哈尔市有利的气候条件是日照充裕，雨热同季；不利的气候条件是旱、涝、低温、早霜、大风等，它们对农作物的危害程度在年际间、地域上差异较大。

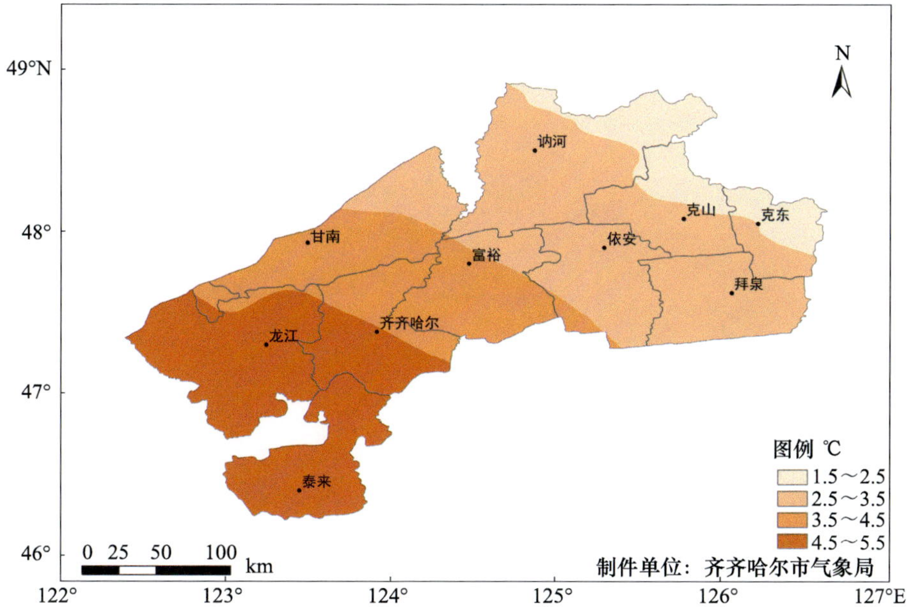

图 1.2　齐齐哈尔年平均气温分布图(1991—2020 年)

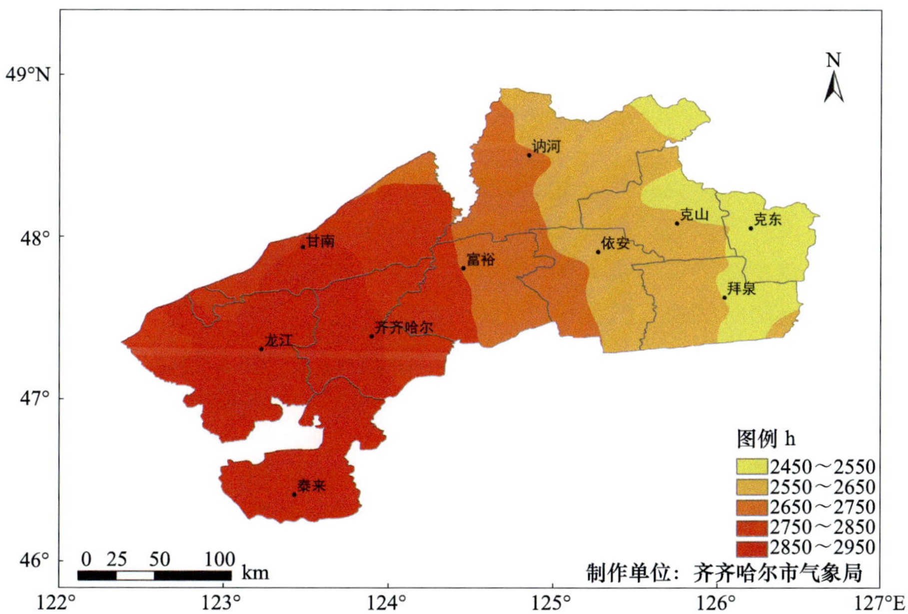

图 1.3　齐齐哈尔平均年日照时数分布图(1991—2020 年)

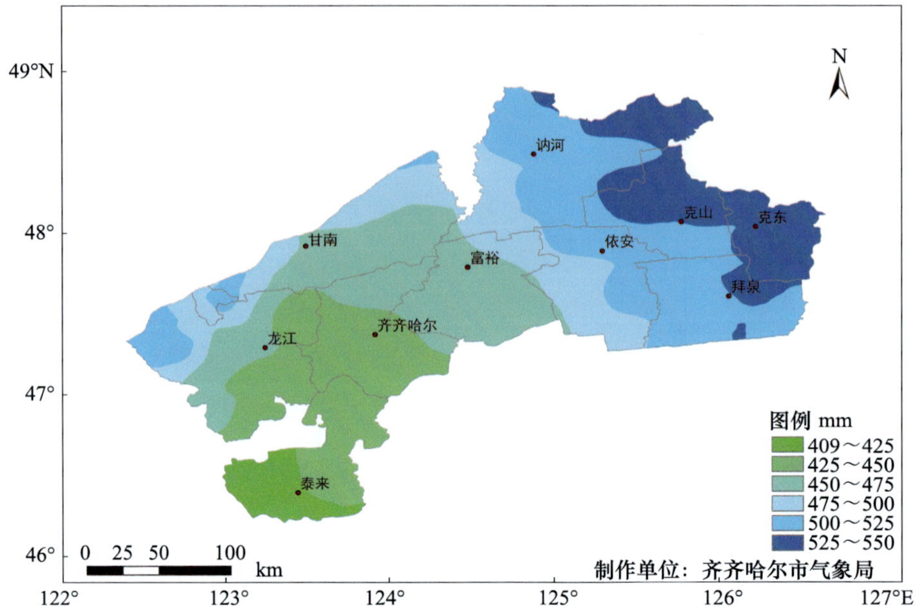

图 1.4　齐齐哈尔平均年降水量分布图(1991—2020 年)

1. 春季气候特征(3—5 月)

春季干旱多风、气温变幅大。

春季是冬季与夏季的过渡季节，冷暖空气势力相当，而且都很活跃。齐齐哈尔市春季的气候主要有以下几个特点。

(1)气温变化幅度大

人们一般把春季作为一年之始，万象更新，生机勃勃，但是，春季也是一年中气温变化幅度最大的时期，是气温乍暖还寒和冷暖骤变的时期。从表 1.1 中可以看到，春季气温的日较差是一年中最大的，尤其以 5 月份表现的最为明显，因此，在季节转换的多变时节要随时注意天气变化。

表 1.1　齐齐哈尔各县(市)气温月平均日较差(1991—2020 年)　　单位：℃

月份	讷河	克东	克山	拜泉	依安	富裕	甘南	龙江	齐齐哈尔	泰来	平均
1	11.8	8.3	9.8	10.9	9.2	10.4	9.5	10.0	10.9	11.6	10.2
2	14.1	10.0	11.8	12.9	11.3	12.2	11.2	11.5	12.5	12.9	12.0
3	13.2	10.4	11.6	12.2	11.6	12.1	11.8	12.1	12.4	13.0	12.0
4	13.1	11.2	12.0	12.4	12.3	12.6	12.7	12.9	12.7	13.3	12.5
5	13.4	11.8	12.6	12.9	12.5	12.8	12.8	12.8	12.2	12.7	12.7

续表 单位:℃

月份	讷河	克东	克山	拜泉	依安	富裕	甘南	龙江	齐齐哈尔	泰来	平均
6	11.9	10.8	11.3	11.4	11.1	11.3	11.3	11.3	10.7	11.2	11.2
7	10.1	9.0	9.5	9.4	9.3	9.7	9.6	9.7	9.0	9.6	9.5
8	10.3	9.3	9.7	9.9	9.6	9.7	9.8	10.0	9.1	10.1	9.8
9	12.1	10.7	11.5	11.8	11.4	11.5	11.7	12.1	10.8	12.1	11.6
10	11.4	9.9	10.7	11.2	10.8	11.2	11.1	11.6	10.8	11.8	11.1
11	10.3	8.5	9.3	10.0	9.4	9.6	9.4	9.8	9.3	10.5	9.6
12	10.4	7.7	8.9	9.9	8.6	9.4	8.9	9.2	9.7	10.6	9.3
年平均	11.8	9.8	10.7	11.2	10.6	11.0	10.8	11.1	10.8	11.6	11.1

(2)春季少雨、极易发生干旱

齐齐哈尔市春季平均降水量为 61.7 mm,仅占全年总降水量的 12.5%,加上裸地、大风等因素,蒸发量常大于降水量,故极易发生干旱,素有“十年九旱”之说。齐齐哈尔市春季是四季中最干燥的季节。

从图 1.5 中可以看出,春季降水量基本呈自西南向东北方向减少趋势,中南部地区在 60 mm 以下,对于维持春季大田播种和苗期生长的需水量显得不足,这也是齐齐哈尔市西南部地区易发生春旱的原因之一。

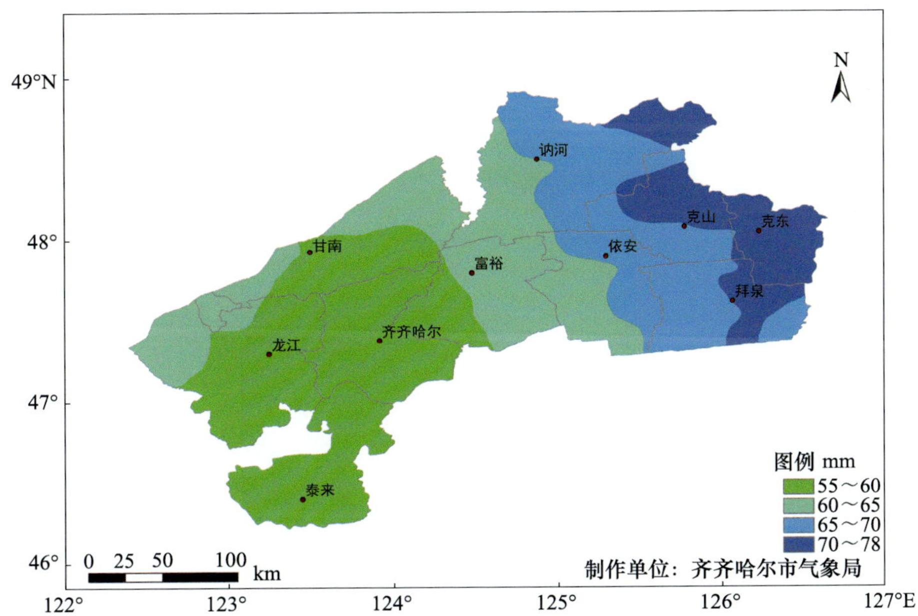

图 1.5 齐齐哈尔春季平均降水量分布图(1991—2020 年)

构成春旱的主要因子有两个：一是当地的土壤结构；二是降水量与蒸发量的收支不平衡。当水分支出小于水分收入时，土壤就会出现过饱和现象，易出现涝灾；当水分支出大于水分收入时，土壤含水量就会降低，易出现旱灾。从齐齐哈尔月平均降水量与蒸发量的变化趋势图 1.6 中可以看出，降水量与蒸发量的时间分布均为单峰型，在主要农事季节（4—9 月）降水量为 450.7 mm，占年降水量的 91.4%，为集中型降水。但从降水量与蒸发量的平衡中，我们发现蒸发量的最大值出现在 5—6 月，而降水的集中期在 7—8 月，这种滞后导致从春季到初夏（4—6 月）需水的一种不平衡，这是齐齐哈尔西南部春旱严重的根本原因。

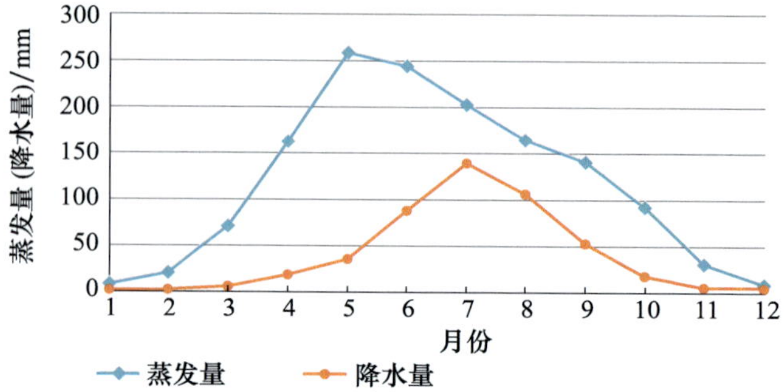

图 1.6　齐齐哈尔月平均降水量与蒸发量变化趋势（1991—2020 年）

（3）空气干燥多大风

春季正处于大气环流调整期，冷暖空气活动频繁，除了气温变化幅度大之外，空气干燥并多大风天气也是另一特点，详见图 1.7。

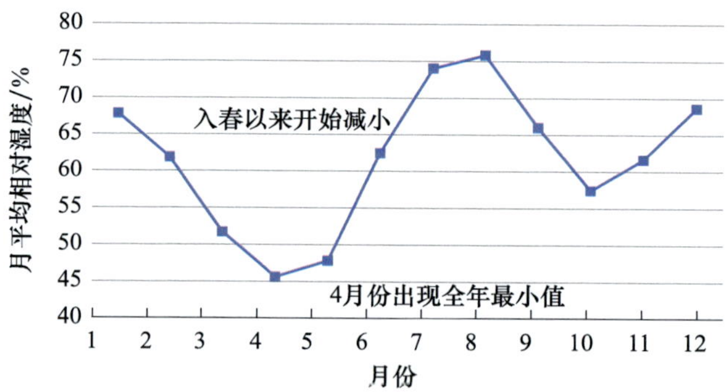

图 1.7　齐齐哈尔月平均相对湿度（1991—2020 年）

如表 1.2、表 1.3 所示，春季是冬季与夏季的过渡季节，冷暖空气势力相当，而且都很活跃，所以经常出现大风天气，其特点是南北大风交替出现，风力较大；大风主要发生区域在齐齐哈尔市的中西部地区。一般来说，6 月以后，南北大风频繁的现象才能好转。

表 1.2　齐齐哈尔各县(市)春季≥5 级风日数(1991—2020 年)　单位:d

月份	讷河	克东	克山	拜泉	依安	富裕	甘南	龙江	齐齐哈尔	泰来	平均
3	16.3	20.7	16.1	17.9	19.3	20.3	20	20.4	19.6	22.5	19.3
4	25.2	26.8	23.8	25.3	27.1	25.9	26.6	24.9	25.7	26.4	25.8
5	26.9	27.1	25.3	25.3	27.2	26.1	6.9	25.7	25.9	27.1	24.4

表 1.3　齐齐哈尔各县(市)春季≥8 级风日数(1991—2020 年)　单位:d

月份	讷河	克东	克山	拜泉	依安	富裕	甘南	龙江	齐齐哈尔	泰来	平均
3	0.7	0.8	0.8	0.4	0.8	1.0	0.6	0.5	0.7	1.1	0.7
4	2.0	1.8	1.3	1.8	1.9	1.7	2.1	1.4	1.4	2.8	1.8
5	2.2	2.6	1.8	2.3	2.9	1.9	2.3	2.1	2.0	2.7	2.3

2. 夏季气候特征(6—8 月)

雨热同季,多洪涝。

由于太阳高度角的增大,内陆升温,加之受东南季风的影响,形成了夏季雨热同季的气候特征。

(1)热量充足:齐齐哈尔与同纬度地区(沙漠地区除外)热量相比,是热量较多的地方之一。常年夏季平均气温为 20.5～22.5 ℃(图 1.8),夏季平均最高气温在 25.6～27.8 ℃,其中 7 月平均最高气温为 26.7～28.9 ℃,1968 年 7 月 22 日泰来县出现了极端最高气温 41.6 ℃的酷热天气。

(2)降水集中:齐齐哈尔市夏季平均降水量为 341.2 mm,占年降水量的 69.3%,降水集中,土壤水分充足,气候比较湿润,作物生长繁茂。夏季降水分布情况详见图 1.9。

(3)雨热同季:夏季不但热量充足,而且降水充沛,水热条件的时空同步配置,可谓雨热同季,此时正值作物积极生长时期,为齐齐哈尔的农业生产提供了优越的气候条件。

(4)昼夜温差大:夏季日暖、夜凉,昼夜温差大,夜间气温低,降低了呼吸作用的消耗,有利于农作物干物质和糖分的积累。相对于黑龙江省同纬度地区,较大的昼夜温差为作物高产、优质提供了条件。

3. 秋季气候特征(9—11 月)

秋高气爽、季节短暂、霜来早。

能高度概括齐齐哈尔秋季气候特点的一个词是秋高气爽。齐齐哈尔的秋季降雨较少,秋季平均降水量为 78.7 mm,占全年降水量的 16%,气候干燥,光照充足(图 1.10),全市 9 月平均最高气温为 19.4～22.0 ℃(表 1.4),较为凉爽。但是,由于地理位置偏北，秋季冷空气影响频繁，从稳定通过 10 ℃到稳定通过 5 ℃的时间间隔只有 17 d，全市平均在 9 月 25 日进入初霜期。

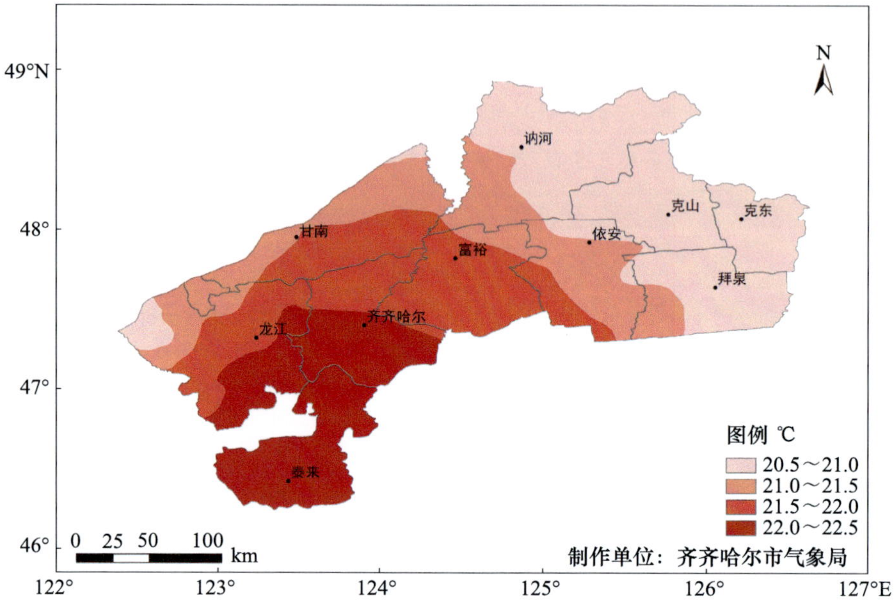

图 1.8　齐齐哈尔夏季平均气温分布图（1991—2020 年）

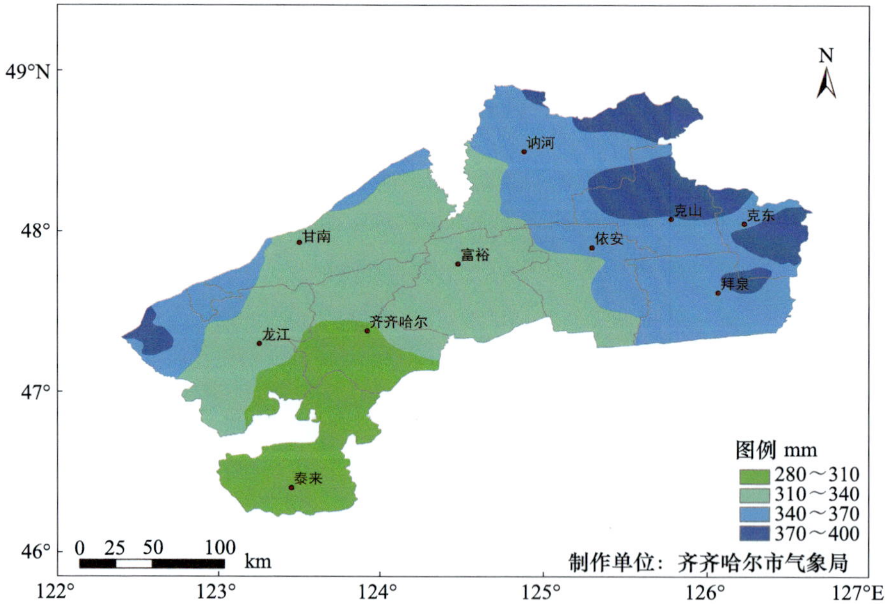

图 1.9　齐齐哈尔夏季平均降水量分布图（1991—2020 年）

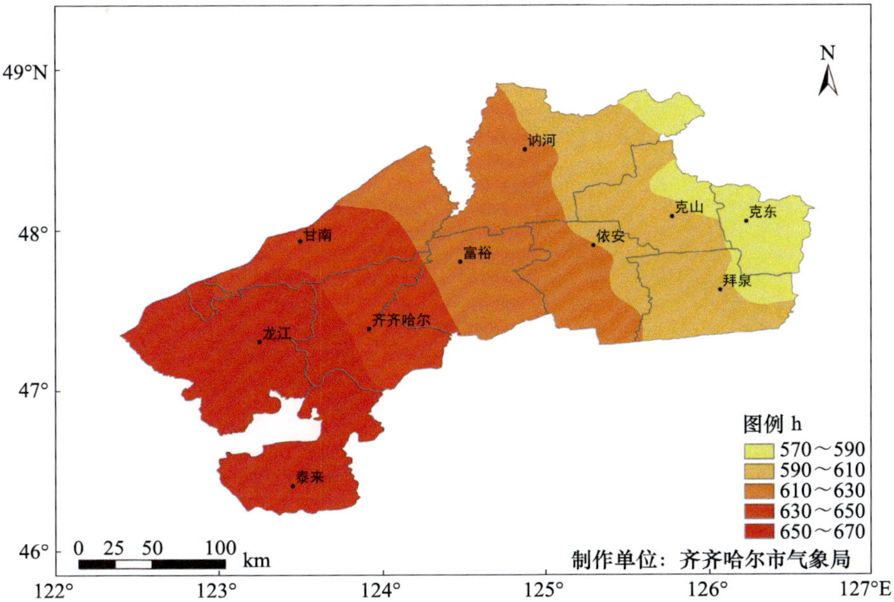

图 1.10 齐齐哈尔秋季日照时数分布图(1991—2020 年)

表 1.4 齐齐哈尔各县(市)9 月平均最高气温(1991—2020 年)

月份	讷河	克东	克山	拜泉	依安	富裕	甘南	龙江	齐齐哈尔	泰来	平均
9 月平均最高气温/℃	20.1	19.4	19.8	19.9	20.1	20.4	20.7	21.2	21.0	22.0	20.5

4. 冬季气候特征

受大陆季风影响，齐齐哈尔市冬季气候寒冷、漫长、湿度适宜，常有暴雪、寒潮等天气出现。

(1)严寒：齐齐哈尔市是黑龙江省及同纬度地区冬季最冷的地方之一。1 月份最寒冷，各县(市)常年平均气温为－21.3～－16.6 ℃，平均最低气温为－31.5～－25.9 ℃，历史极端最低气温为－42.4 ℃，2001 年 1 月 11 日出现在克山。

(2)漫长：月平均气温 0 ℃以下长达 5 个月之久(11 月至翌年 3 月)，按旬平均气温，自 11 月上旬至翌年 3 月末，可达 151 d，占全年的 1/3 以上。

(3)湿度适宜：齐齐哈尔市冬季(12 月—翌年 2 月)室外平均相对湿度为 58%～71%，是人体感觉最舒适的湿度范围。冬季由于受来自亚洲内陆地区的季风气候所控制，整个冬季被皑皑白雪所覆盖，冬季积雪的蒸发和升华提升了空气湿度，但全市冬季平均降雪量仅为 11.1 mm，占全年降水量的 2.3%。

冬季的寒冷、漫长对齐齐哈尔市一年一熟为特点的农业生产来说无关紧要，严寒使许多动物生长了名贵的毛裘，许多病菌被冻死，从而为发展齐齐哈尔市林、牧、渔业等多种经营提供了良好条件。

三、气候变化

1. 气温升高

(1)年平均气温

近 60 a(1961—2020 年)齐齐哈尔市年平均气温为 2.98 ℃，具有明显年际变化，最低气温出现在 1969 年，为 0.55 ℃，最高气温出现在 2007 年，为 4.95 ℃。从气温的年代差异看(图 1.11、表 1.5)，近 60 a 全市年平均气温呈显著上升趋势，平均每 10 a 升高 0.36 ℃；20 世纪 60 年代平均气温最低，全市平均气温为 2.01 ℃，21 世纪初的 20 a 平均气温最高，为 3.64 ℃；20 世纪 80 年代至 21 世纪初，气温上升明显，平均每 10 a 升高超过 0.5 ℃。

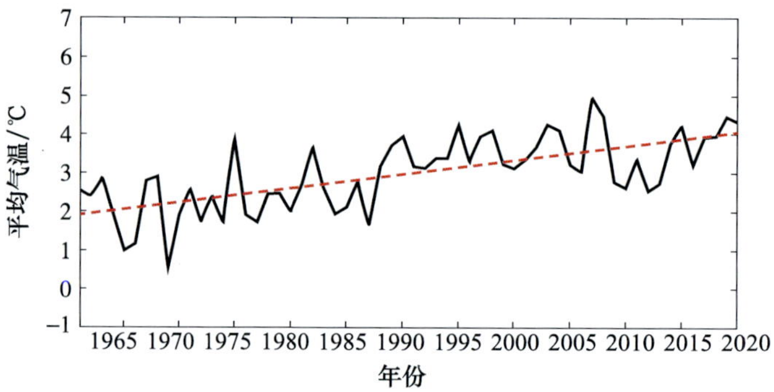

图 1.11　1961—2020 年齐齐哈尔年平均气温

从表 1.5 中还可以看出，讷河平均气温最低，1961—2020 年年平均气温仅为 1.79 ℃，泰来最高，为 4.85 ℃。在近 60 a 间，各县(市)均呈现出显著上升趋势(图 1.12)，上升幅度最大的为讷河，平均每 10 a 上升 0.47 ℃，上升幅度最小的是泰来，平均每 10 a 上升 0.23 ℃。

表 1.5　齐齐哈尔各县(市)平均气温年代际变化和趋势(1961—2020 年)

站点	1961—2020 年平均/℃	1960 年代/℃	1970 年代/℃	1980 年代/℃	1990 年代/℃	2000 年代/℃	2010 年代/℃	变化趋势/(℃/10 a)
讷河	1.79	0.70	0.83	1.46	2.32	2.67	2.74	0.47
克东	1.95	0.98	1.35	1.81	2.43	2.63	2.51	0.34

续表

站点	1961—2020 年平均/℃	1960 年代/℃	1970 年代/℃	1980 年代/℃	1990 年代/℃	2000 年代/℃	2010 年代/℃	变化趋势/(℃/10 a)
克山	1.98	0.99	1.44	1.79	2.43	2.62	2.63	0.34
拜泉	1.99	1.03	1.35	1.80	2.50	2.47	2.76	0.36
依安	2.45	1.46	1.68	2.30	3.06	3.13	3.06	0.37
富裕	2.93	1.89	2.10	2.74	3.43	3.65	3.74	0.41
甘南	3.65	2.54	2.88	3.49	4.06	4.34	4.56	0.42
龙江	4.20	3.23	3.52	4.11	4.71	4.88	4.73	0.34
齐齐哈尔	4.05	3.20	3.29	3.91	4.64	4.59	4.68	0.34
泰来	4.85	4.07	4.40	4.83	5.39	5.44	4.97	0.23
全市平均	2.98	2.01	2.28	2.82	3.50	3.64	3.64	0.36

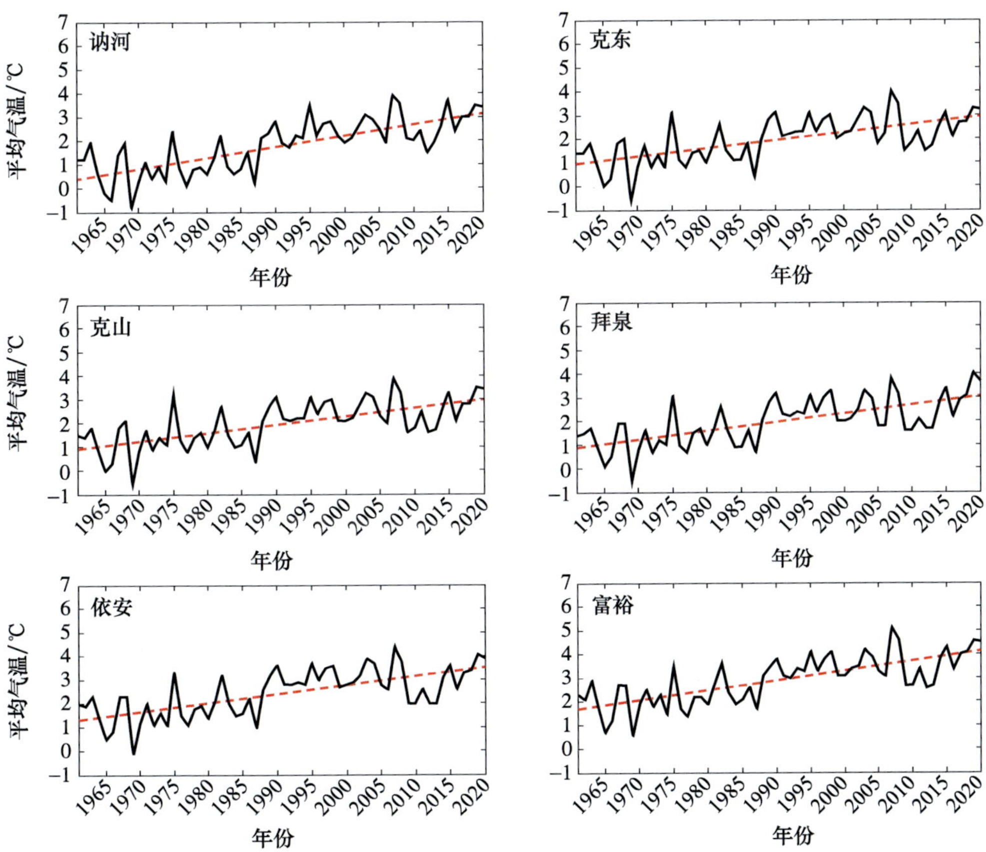

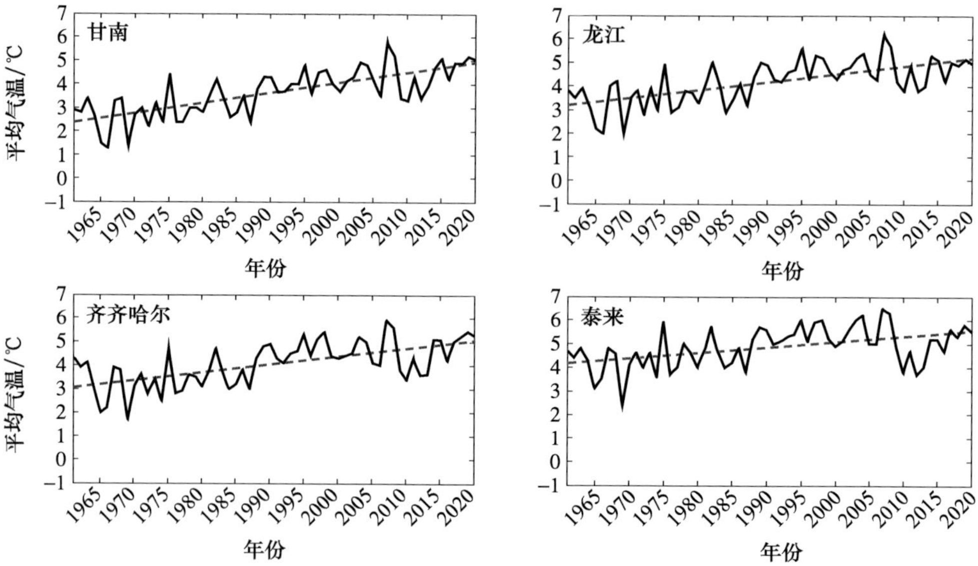

图 1.12　1961—2020 年齐齐哈尔各县(市)年平均气温

(2) 各季节平均气温变化

齐齐哈尔各季节平均气温在近 60 a 中均呈现出上升趋势(图 1.13)。冬季的上升最为明显,平均每 10 a 上升 0.42 ℃,夏季上升幅度最小,平均每 10 a 上升 0.26 ℃,详见表 1.6。春季平均气温最高出现在 1998 年,为 7.97 ℃,最低出现在 1965 年,为 2.61 ℃。夏季平均气温最高出现在 2000 年,为 23.04 ℃,最低出现在 1983 年,为 19.11 ℃。秋季平均气温最高出现在 2004 年,为 5.91 ℃,最低出现在 1981 年,为 1.47 ℃。冬季平均气温最高出现在 2006 年,为—12.88 ℃,最低出现在 1976 年,为—22.35 ℃。生长季平均气温最高出现在 2000 年,为 20.21 ℃,最低出现在 1972 年,为 16.45 ℃。从各年代看,春季和冬季 20 世纪 80 年代上升最快,80 年代较 70 年代分别升高 0.72 ℃和 1.06 ℃。夏季和生长季上升最快的时段出现在 90 年代,较 80 年代分别升高 0.58 ℃和 0.68 ℃。而秋季上升最快的年代为 21 世纪初的 10 a,较 20 世纪 90 年代升高了 0.65 ℃。

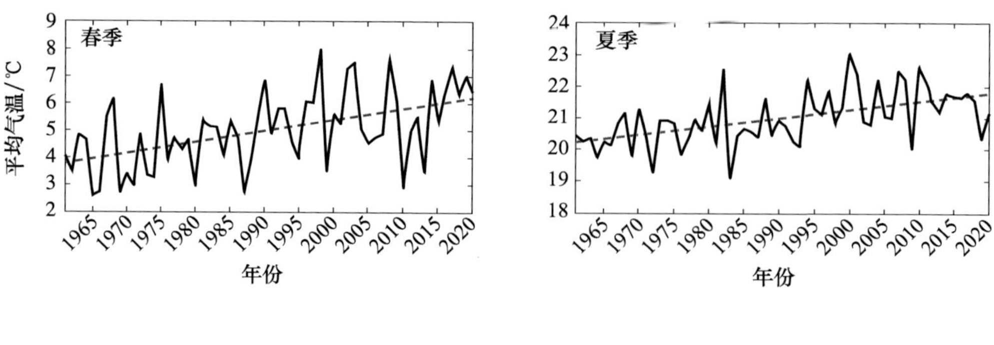

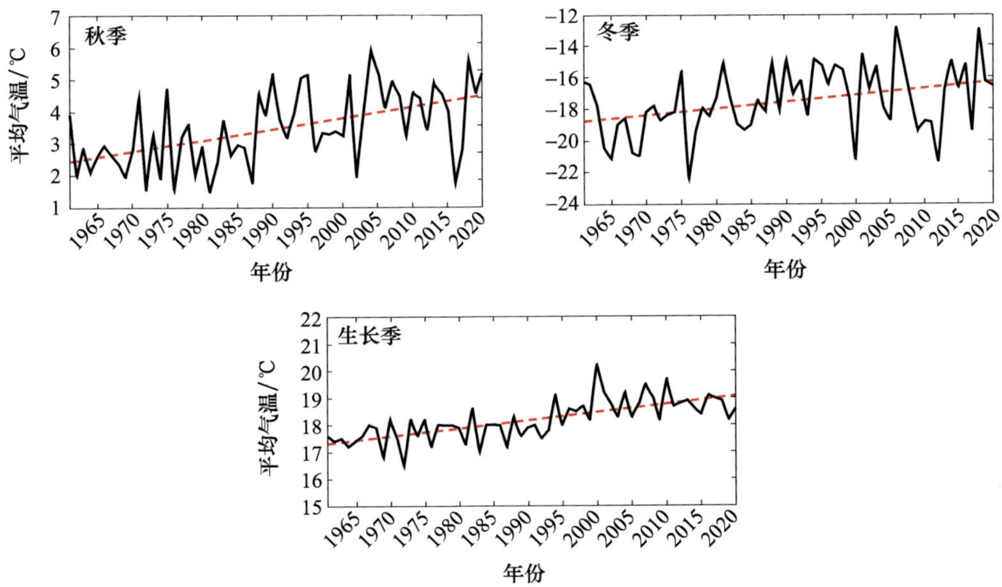

图 1.13　1961—2020 年齐齐哈尔各季节平均气温

表 1.6　1961—2020 年齐齐哈尔各季节平均气温年代际变化和趋势

站点	1961—2020 年平均/℃	1960 年代/℃	1970 年代/℃	1980 年代/℃	1990 年代/℃	2000 年代/℃	2010 年代/℃	变化趋势/(℃/10 a)
春季	5.01	4.02	4.16	4.88	5.42	5.58	5.97	0.41
夏季	20.99	20.41	20.55	20.69	21.27	21.56	21.47	0.26
秋季	3.46	2.61	2.90	3.12	3.68	4.33	4.10	0.35
冬季	−17.53	−18.95	−18.42	−17.36	−16.76	−16.74	−16.92	0.42
生长季(5—9 月)	18.19	17.55	17.71	17.78	18.46	18.90	18.72	0.30

2. 积温增加

积温是研究温度与生物有机体发育速度之间关系的一种指标。随着近 60 a 齐齐哈尔气温的不断升高，积温也呈现出显著的上升趋势。从图 1.14 中可以看出，3 种积温具有明显的一致性变化，均表现出显著的上升趋势，≥10 ℃的积温上升最为明显，平均每 10 a 上升 71.7 ℃·d，≥0 ℃的积温上升幅度最小，平均每 10 a 上升 69.7 ℃·d。近 60 a 平均≥0 ℃的积温为 3121.2 ℃·d，≥5 ℃的积温为 3006.9 ℃·d，≥10 ℃的积温为 2690.0 ℃·d，详见表 1.7。

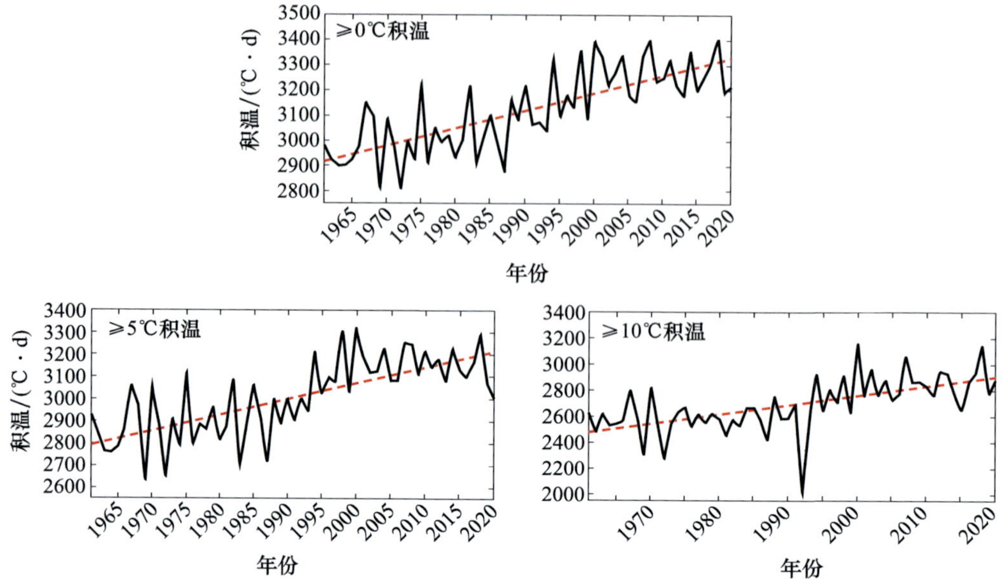

图 1.14　1961—2020 年齐齐哈尔积温

表 1.7　1961—2020 年齐齐哈尔积温年代际变化和趋势

	1961—2020 年平均/(℃·d)	1960 年代(℃·d)	1970 年代/(℃·d)	1980 年代/(℃·d)	1990 年代/(℃·d)	2000 年代/(℃·d)	2010 年代/(℃·d)	变化趋势/(℃·d/10 a)
≥0 ℃积温	3121.2	2975.6	2984.5	3057.4	3174.3	3271.0	3264.6	69.7
≥5 ℃积温	3006.9	2866.2	2866.9	2913.7	3091.7	3164.9	3138.2	69.9
≥10 ℃积温	2690.0	2586.3	2554.4	2579.9	2706.4	2846.6	2866.3	71.7

从图 1.15 和表 1.8 中可以看出，在 1961—2020 年间各县(市)积温均表现出显著上升趋势，其中讷河上升幅度最大，平均每 10 a 升高 91.7 ℃·d，上升幅度最小的是克东，为 57.1 ℃·d。从年际变化上看，各县(市)最低值均出现在 1992 年，齐齐哈尔、克山、克东、泰来和依安最高值出现在 2000 年，龙江最高值出现在 2007 年，拜泉、富裕、甘南和讷河最高值出现在 2018 年。

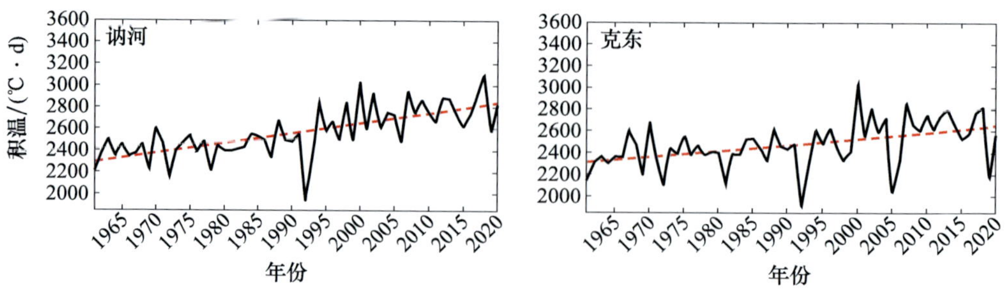

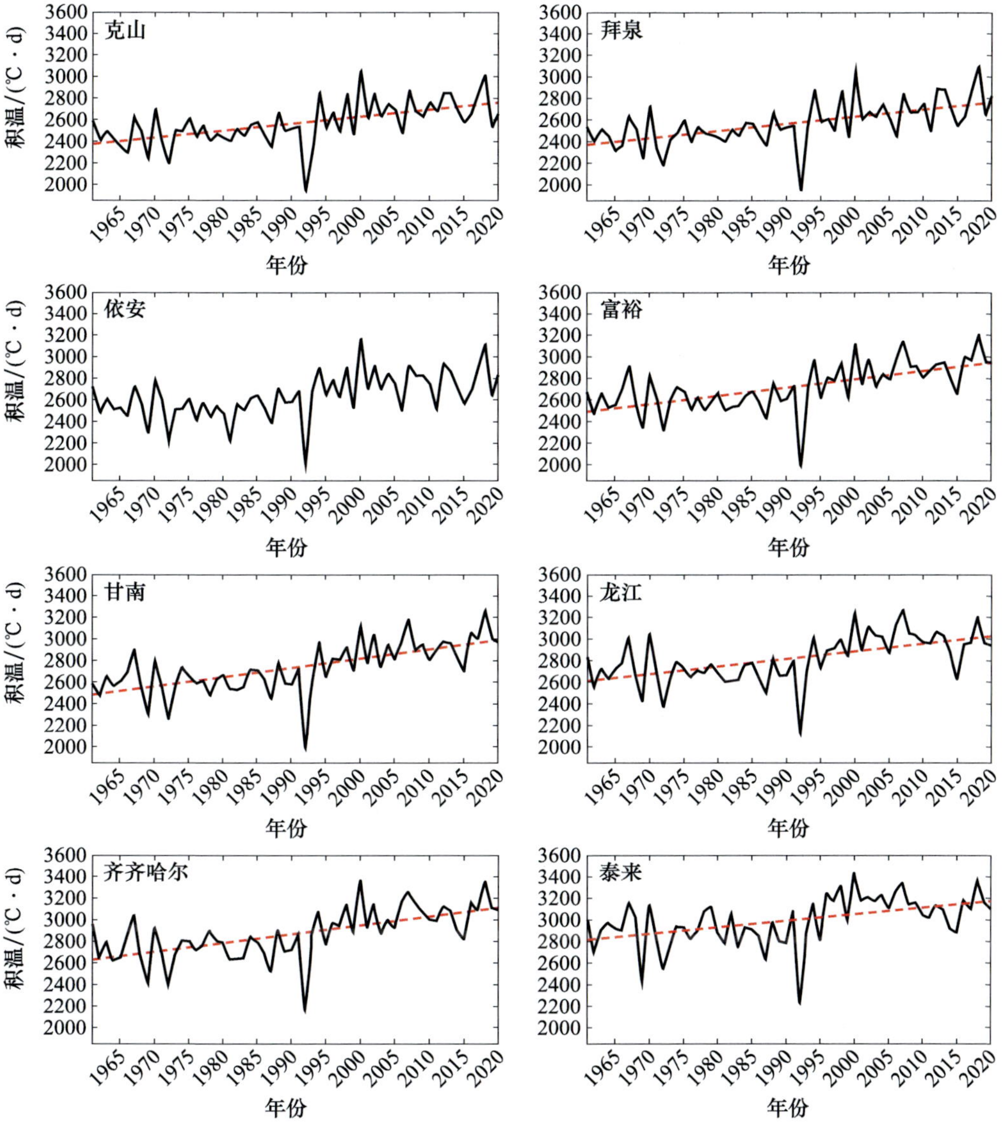

图 1.15　1961—2020 年齐齐哈尔各县(市)≥10 ℃积温(单位:℃·d)

表 1.8　1961—2020 年齐齐哈尔各县(市)≥10 ℃积温年代际变化和趋势

站点	1961—2020 年平均/(℃·d)	1960 年代/(℃·d)	1970 年代/(℃·d)	1980 年代/(℃·d)	1990 年代/(℃·d)	2000 年代/(℃·d)	2010 年代/(℃·d)	变化趋势/(℃·d)
讷河	2561.5	2389.2	2396.1	2479.3	2576.2	2737.0	2791.1	91.7
克东	2476.9	2380.6	2384.8	2423.0	2460.0	2584.8	2628.4	57.1
克山	2562.9	2456.2	2444.9	2494.8	2562.7	2686.0	2732.6	63.9
拜泉	2562.9	2460.3	2424.3	2495.8	2589.4	2655.5	2751.9	67.7

续表

站点	1961—2020 年平均/(℃·d)	1960 年代/(℃·d)	1970 年代/(℃·d)	1980 年代/(℃·d)	1990 年代/(℃·d)	2000 年代/(℃·d)	2010 年代/(℃·d)	变化趋势/(℃·d)
依安	2634.2	2561.9	2484.8	2527.8	2685.1	2769.8	2775.8	62.2
富裕	2716.9	2619.3	2578.0	2580.6	2723.8	2876.1	2923.7	76.0
甘南	2729.6	2608.7	2570.8	2600.8	2730.3	2908.3	2958.6	85.6
龙江	2812.2	2734.2	2664.2	2661.2	2824.9	3034.1	2954.5	70.9
齐齐哈尔	2861.6	2744.7	2729.5	2699.2	2892.0	3042.0	3061.9	81.3
泰来	2981.3	2908.3	2867.0	2836.6	3019.6	3172.5	3084.2	59.9

3. 降水呈增多趋势

近 60 a 齐齐哈尔市平均年降水量呈增多趋势(图 1.16)，平均每 10 a 增加 15.6 mm。1998 年降水最多，达 764.7 mm；2004 年降水最少，为 302.9 mm。

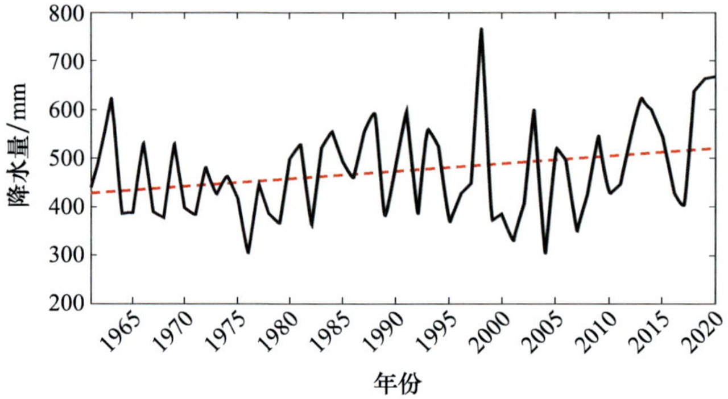

图 1.16　1961—2020 年齐齐哈尔平均年降水量(单位：mm)

从齐齐哈尔市各县(市)年降水量的变化中可以看出，各县(市)年降水量均存在明显的年际变化，龙江、甘南、富裕、依安和克山降水量最大值均出现在 1998 年。在近 60 a 间，各地年降水量呈增多趋势(图 1.17，表 1.9)，从各年代平均降水量看，全市平均情况下，20 世纪 60—70 年代为降水偏少期，随后 20 世纪 80—90 年代转为偏多期，到了 21 世纪初的前 10 a 又转为了降水偏少期，21 世纪 10 年代再次转为降水偏多期，各地年代际变化略有差异，详见表 1.9。

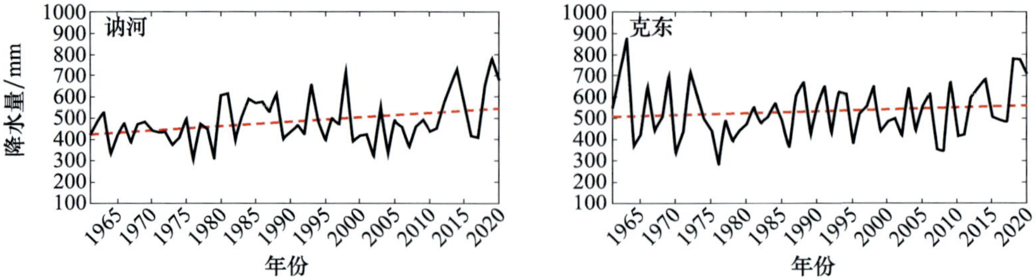

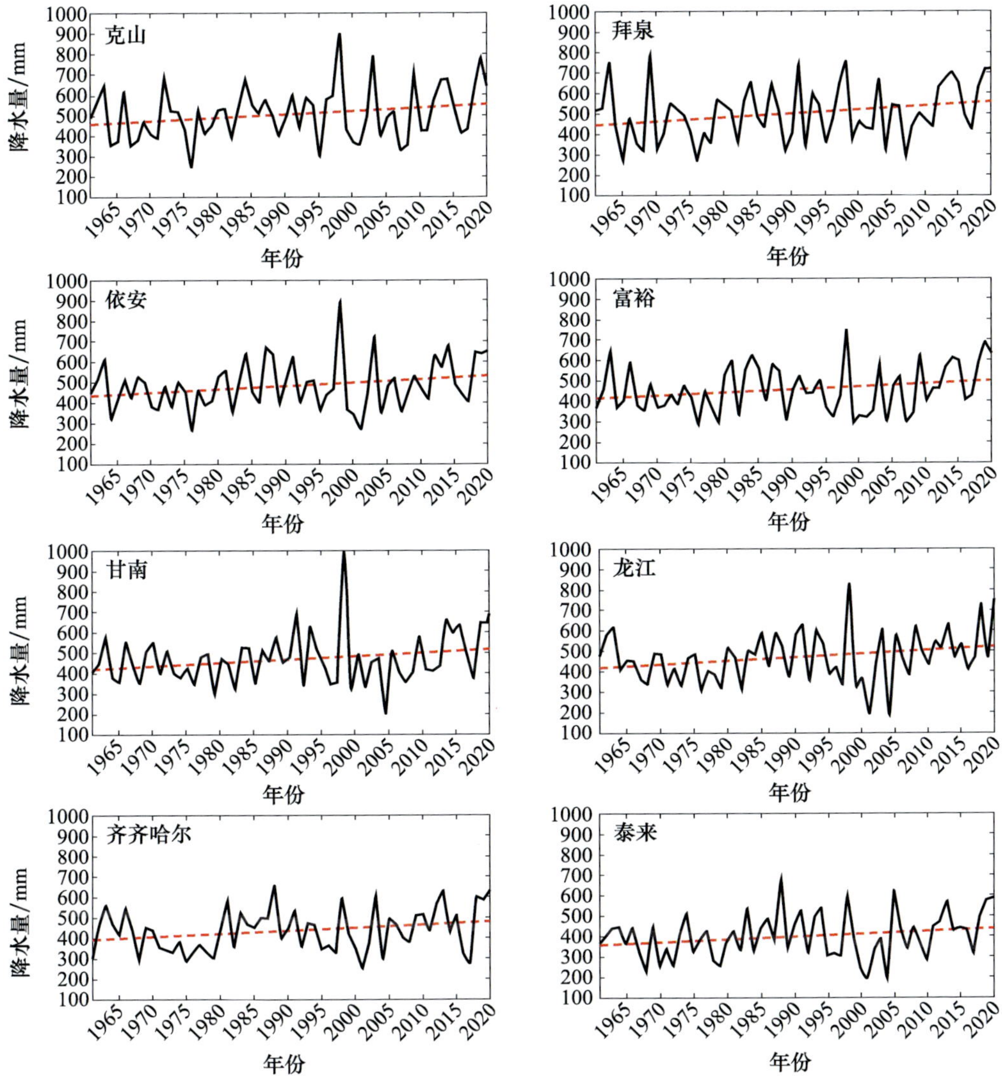

图 1.17　1961—2020 年齐齐哈尔各县(市)年降水量

表 1.9　1961—2020 年齐齐哈尔各县(市)降水量年代际变化和趋势

站点	1961—2020 年平均/mm	1960 年代/mm	1970 年代/mm	1980 年代/mm	1990 年代/mm	2000 年代/mm	2010 年代/mm	变化趋势/(mm/10 a)
讷河	483.9	441.9	428.3	522.1	490.8	432.5	587.6	20.1
克东	531.4	553.3	477.2	521.2	534.2	495.5	607.3	8.3
克山	483.9	469.5	472.9	518.5	538.2	488.0	582.4	16.8
拜泉	507.2	480.0	457.7	494.7	533.5	466.3	610.8	19.1
依安	481.5	461.8	419.9	508.9	487.7	455.9	554.7	16.0

续表

站点	1961—2020 年平均/mm	1960 年代/mm	1970 年代/mm	1980 年代/mm	1990 年代/mm	2000 年代/mm	2010 年代/mm	变化趋势/(mm/10 a)
富裕	453.6	438.6	399.0	491.7	436.0	417.0	539.3	13.8
甘南	466.4	452.9	416.2	460.5	508.4	410.0	550.6	16.2
龙江	472.0	468.1	398.6	487.2	479.6	442.5	556.0	16.6
齐齐哈尔	433.4	433.1	343.5	483.2	419.1	426.4	494.9	14.5
泰来	397.1	366.0	352.7	436.7	397.9	356.6	472.5	13.8
全市平均	471.0	456.5	416.6	492.5	482.5	439.1	555.6	15.5

齐齐哈尔降水量季节差异明显。从全市各季节降水量分布图看(图 1.18),夏季降水最多,平均降水量为 328.3 mm,冬季最少,平均降水量仅有 9.1 mm。从长期变化趋势看,各季节降水量均呈增加趋势,其中冬季增加趋势显著,平均每 10 a 增加 1.9 mm。从生长季降水量年代际变化看(表 1.10),其变化特征与年总降水量相似。

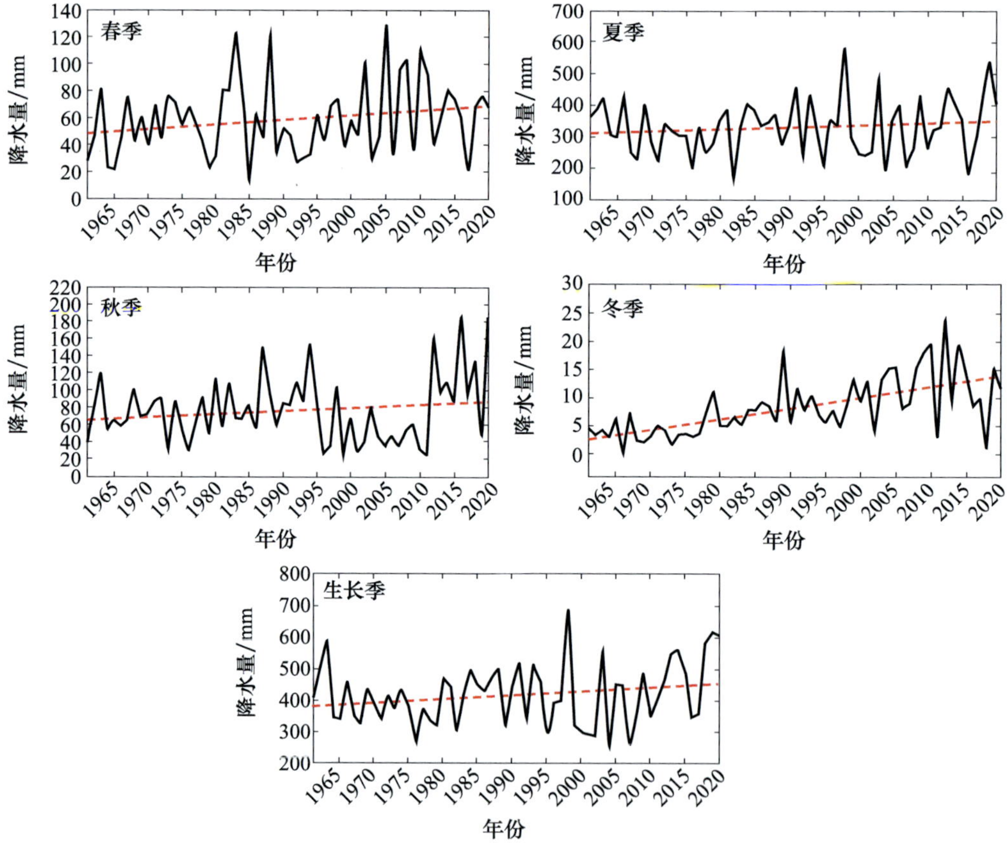

图 1.18 1961—2020 年齐齐哈尔各季节平均降水量

表 1.10　1961—2020 年齐齐哈尔各季节平均降水量年代际变化和趋势

	1961—2020 年平均/mm	1960 年代/mm	1970 年代/mm	1980 年代/mm	1990 年代/mm	2000 年代/mm	2010 年代/mm	变化趋势/(mm/10 a)
春季	61.1	45.9	53.3	69.1	48.2	73.2	63.8	3.5
夏季	328.3	335.0	289.4	332.7	348.4	307.2	367.9	6.6
秋季	77.4	71.9	69.2	82.5	77.6	45.4	113.0	3.7
冬季	9.1	3.7	4.8	8.0	8.7	13.1	11.7	1.9
生长季(5—9 月)	418.0	414.5	371.8	428.0	422.7	372.7	498.4	11.7

4. 无霜期延长

随着气温的升高，近 60 a 齐齐哈尔市整体无霜期也呈增加趋势(图 1.19)，平均每 10 a 增加 4.68 d，尤其到 2000 年以后增加趋势更为明显，较 20 世纪 90 年代平均增加 9 d。

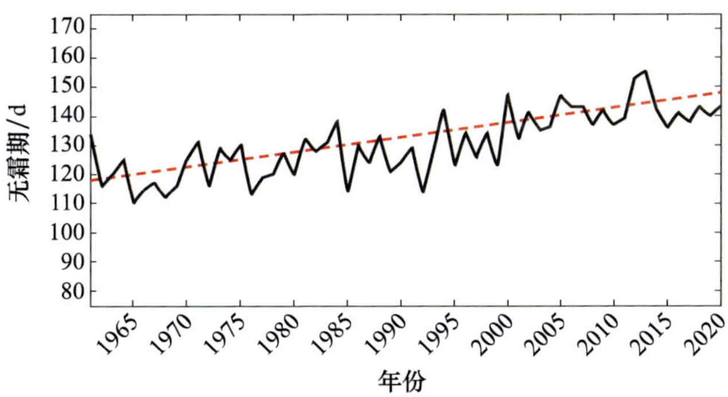

图 1.19　1961—2020 年齐齐哈尔平均无霜期

从齐齐哈尔各县(市)无霜期变化看，各县(市)之间存在明显差异，泰来无霜期最长，为 140.2 d，拜泉最短 120.1 d。在长期变化趋势上，各县(市)之间均表现出显著增加趋势(图 1.20)，其中齐齐哈尔市区增加幅度最大，平均每 10 a 增加 6.10 d，泰来增加幅度最小，平均每 10 a 增加 3.60 d。从年代际差异看，除讷河和拜泉外，其余各县到 2000 年以后增加趋势更为明显，详见表 1.11。

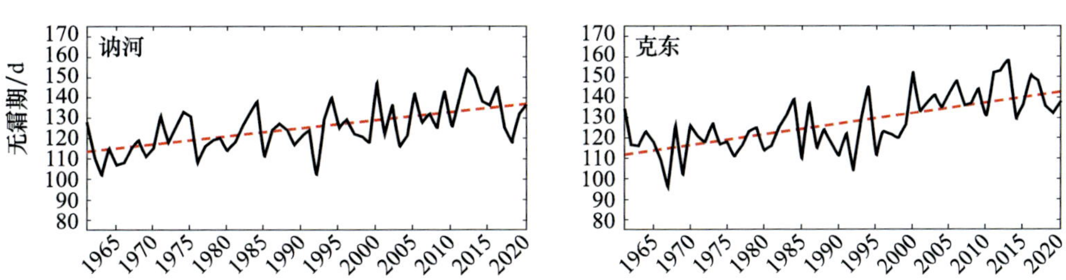

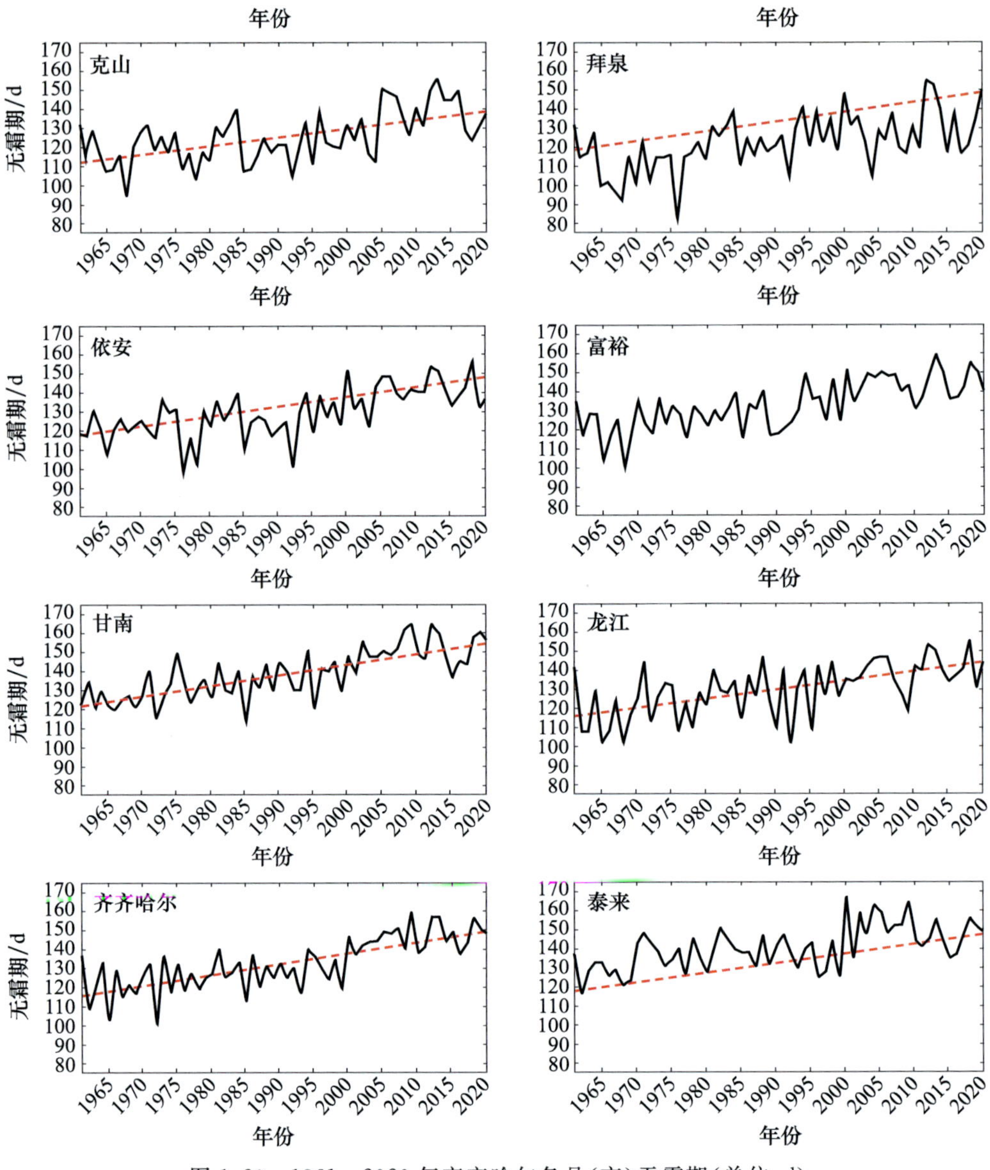

图 1.20　1961—2020 年齐齐哈尔各县(市)无霜期(单位:d)

表 1.11　1961—2020 年齐齐哈尔各县(市)无霜期年代际变化和趋势

站点	1961—2020 年平均/d	1960 年代/d	1970 年代/d	1980 年代/d	1990 年代/d	2000 年代/d	2010 年代/d	变化趋势/(d/10 a)
讷河	124.3	110.7	120.0	122.4	125.7	129.2	137.5	4.45
克东	126.6	117.5	119.0	121.6	125.3	133.5	142.7	4.68
克山	124.9	116.5	117.5	121.7	121.7	133.8	138.3	4.25

续表

站点	1961—2020 年平均/d	1960 年代/d	1970 年代/d	1980 年代/d	1990 年代/d	2000 年代/d	2010 年代/d	变化趋势/(d/10 a)
拜泉	120.1	108.3	108.7	121.9	125.7	124.4	131.4	4.48
依安	128.7	120.5	120.0	125.4	128.4	138.4	139.5	4.26
富裕	132.6	120.7	125.8	126.8	134.9	141.9	145.2	4.94
甘南	137.8	124.8	131.1	133.5	135.9	150.4	151.3	5.47
龙江	130.2	116.3	123.9	129.1	132.1	137.5	142.0	4.59
齐齐哈尔	131.9	117.1	123.4	128.4	129.3	145.2	147.9	6.10
泰来	140.2	128.9	136.8	138.7	139.8	151.4	145.5	3.60
全市平均	129.7	118.1	122.6	127.0	129.9	138.6	142.1	4.68

5. 相对湿度变化趋势不明显

近 60 a 齐齐哈尔年平均相对湿度年际变化幅度较小，整体呈现减少趋势(图 1.21)，平均每 10 a 减少 0.19%。最大值出现在 2013 年，年平均相对湿度为 67.23%，最小值出现在 1976 年，为 57.09%。

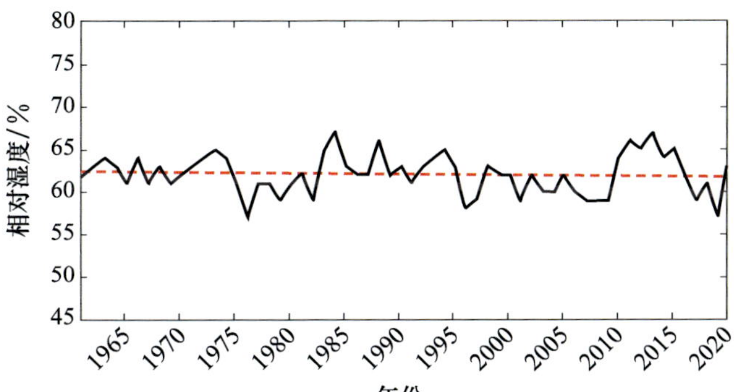

图 1.21　1961—2020 年齐齐哈尔年平均相对湿度

齐齐哈尔各县(市)年平均相对湿度差异明显，在气候平均情况下拜泉相对湿度最高，为 65.90%，龙江最低，为 56.25%。在长期变化趋势上，除讷河、克山、依安、拜泉略呈增加趋势外，其余各县均呈减少趋势(图 1.22)，其中齐齐哈尔减少趋势最为明显，平均每 10 a 减少 0.47%，其次为富裕和克东，平均每 10 a 分别减少 0.35%和 0.34%。从全市年平均相对湿度的年代际变化看，20 世纪 60 年代到 80 年代呈增加趋势，从 20 世纪 80 年代开始，相对湿度下降趋势明显，20 世纪 10 年代开始，相对湿度再次呈增加趋势，详见表 1.12。

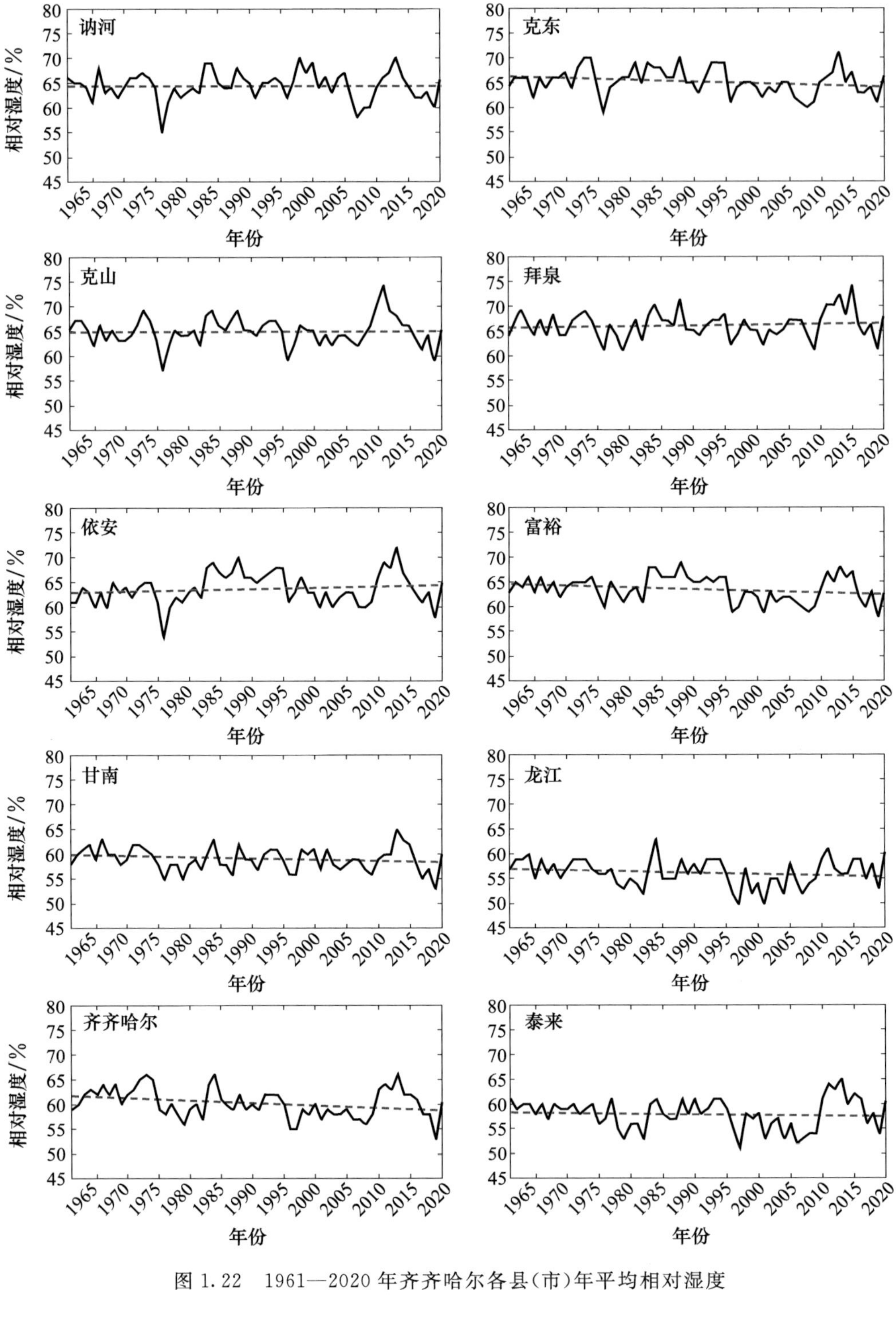

图 1.22　1961—2020 年齐齐哈尔各县(市)年平均相对湿度

表 1.12　1961—2020 年齐齐哈尔各县(市)相对湿度年代际变化和趋势

站点	1961—2020 年平均/%	1960 年代/%	1970 年代/%	1980 年代/%	1990 年代/%	2000 年代/%	2010 年代/%	变化趋势/(%/10 a)
讷河	64.43	64.16	63.43	65.67	65.58	63.13	64.63	0.27
克东	65.21	65.26	65.53	67.07	65.46	62.68	65.26	−0.34
克山	64.82	64.52	64.08	66.07	64.54	64.25	65.44	0.05
拜泉	65.90	65.52	64.91	66.94	65.44	64.77	67.85	0.19
依安	63.71	62.48	61.69	66.42	64.91	61.67	65.09	0.27
富裕	63.65	64.06	63.48	65.85	63.51	61.08	63.95	−0.35
甘南	58.98	59.95	58.62	58.96	59.09	58.07	59.18	−0.22
龙江	56.25	57.42	56.44	56.53	55.23	54.40	57.49	−0.24
齐齐哈尔	60.23	61.82	60.84	60.58	59.04	58.32	60.80	−0.47
泰来	57.96	59.33	57.59	58.03	57.58	54.91	60.32	−0.15
全市平均	62.11	62.45	61.66	63.21	62.04	60.33	63.00	−0.13

从齐齐哈尔各季节平均相对湿度年际变化看，冬季相对湿度的年际变化相对明显。从长期变化趋势上看(图 1.23)，春季和夏季呈略增加趋势，其他各季节均表现为减少趋势，其中冬季减少最为明显，平均每 10 a 减少 0.71%。各年代中 21 世纪 10 年代为相对湿度较大的年代，详见表 1.13。

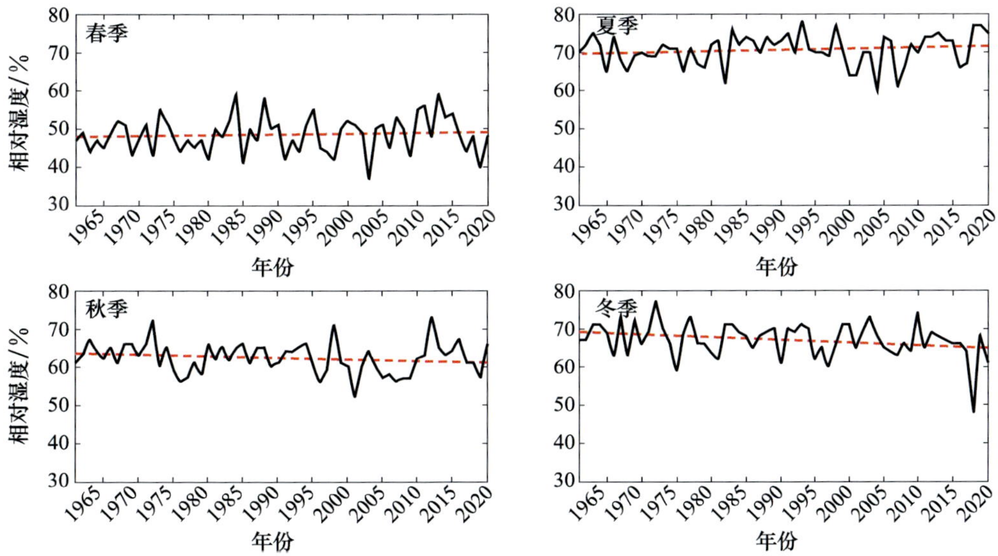

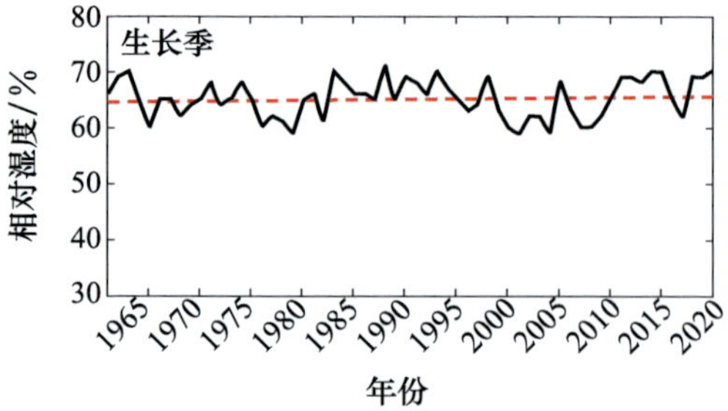

图 1.23　1961—2020 年齐齐哈尔各季节平均相对湿度

表 1.13　1961—2020 年齐齐哈尔各季节平均相对湿度年代际变化和趋势

	1961—2020 年平均/%	1960 年代/%	1970 年代/%	1980 年代/%	1990 年代/%	2000 年代/%	2010 年代/%	变化趋势/(%/10 a)
春季	48.60	47.50	47.50	50.44	47.15	48.38	49.73	0.25
夏季	70.75	70.24	69.37	71.93	71.42	68.05	73.06	0.25
秋季	62.01	63.62	61.80	63.24	62.70	58.09	64.18	−0.32
冬季	66.71	68.29	67.74	67.16	67.41	66.96	64.31	−0.71
生长季(5—9 月)	65.25	65.00	63.71	66.73	65.66	62.10	68.10	0.21

第二章 农业气候资源

受人类活动等因素影响，全球气候变化日益显著。IPCC 第 5 次评估报告指出，过去一百多年来全球升温 0.85 ℃，且升温趋势仍将持续。据统计，齐齐哈尔市 1991—2020 年年平均气温为 3.6 ℃，比 1981—2010 年高 0.3 ℃；齐齐哈尔市 2021 年平均气温达 4.1 ℃，比常年高 0.5 ℃。气候变化会影响农业气候资源的时空格局，研究农业气候资源的分布情况和时空变化特征对编制农业气候区划、合理调整种植结构等方面具有重要的现实意义。本章主要分析齐齐哈尔市的农业气候资源，具体从热量资源、水分资源和光资源的角度对全市的农业气候资源进行综合评价。

一、热量资源

热量资源作为作物生长发育无法或缺的因子，是决定农业种植结构的重要因素，其数量及配置受气候变化的直接影响。分析热量资源的时空变化特征、明确气候生产潜力的变化趋势、评价热量资源利用情况、调整气候区划从而高效利用气候资源对提高农业生产有重要意义。

1. 温度生长期

(1)定义

广义的生长期是指作物能生长的时期，一般指春季 0 ℃初日到秋季 0 ℃终日之间的日期，或用无霜期表示。某种作物的生长期则是从播种到成熟间的日期。对某一地区来说，生长期长短各年不一，生长期的起止日期因年型不同，差别也很大。齐齐哈尔的温度生长期开始期以日平均气温稳定通过 5 ℃的初日表示；结束期以日平均气温稳定通过 10 ℃的终日表示；初、终日的间隔日数为温度生长期的长度。

(2)生态意义

日平均气温稳定通过 5 ℃时，一般的野菜、野草、树木等开始出土或萌发，恢复生长和现绿，进行光合作用，可作为温度生长期的开始期；秋季，枯霜之后，一般植物都将冻死、停止生长，且秋季枯霜冻与日平均气温稳定通过 10 ℃的终日非常吻合、平均相差 3～5 d。

(3)齐齐哈尔温度生长期

①温度生长期长度

温度生长期与大田作物整个生长期是一致的，从常年气象资料来看，齐齐哈尔市的温度生长期南北差异较大，基本在 150～174 d，自西南向东北逐渐递减，详见图 2.1。

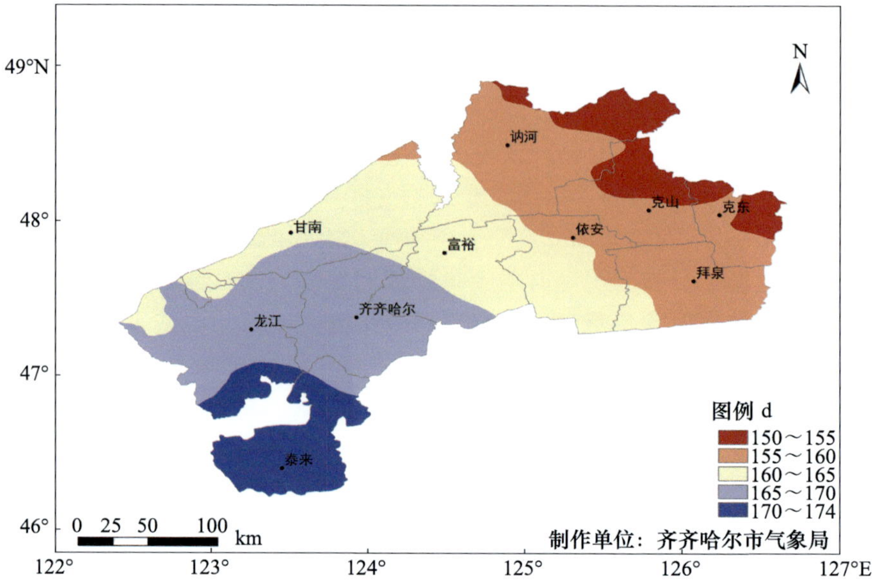

图 2.1　齐齐哈尔温度生长期长度分布图(1991—2020 年)

②温度生长期开始期

齐齐哈尔的温度生长期开始期与嫩江开江、榆树花絮出现、大叶杨树花絮开放、蒲公英展叶盛期、车前子展叶的时间相一致。温度生长期开始期最早是在 4 月 10 日，在南部地区的泰来县；最晚是 4 月 17—21 日，在东北部的讷河、克山、克东、拜泉等地的北部，详见图 2.2。

③温度生长期终止期

从齐齐哈尔温度生长期终止期分布情况可以看出(图 2.3)，各县(市)温度生长期终止期最早开始于拜泉、克东北部，在 9 月 23 日前后，由此向西南逐步延迟，泰来最晚，在 10 月 2 日，南北相差近 10 d，这与齐齐哈尔的纬向型地形特点有关。中部大部分地区在 9 月 25—27 日，这和齐齐哈尔秋霜冻日期非常吻合，齐齐哈尔作物温度生长期的终止期与蒲公英枯黄普遍期、中东杨落叶、秋霜冻初日相一致，此时大田作物基本成熟，二者基本吻合，因此，具有很现实的指导意义。

2. 气温

气温在一般情况下包括平均气温、极端气温等。通常用平均气温表示一定情况下的热量平衡状态，极端气温表示在一定情况下的热量范围。从全市作物生长季气温变化看(图 2.4)，由西南向东北递减，中南部的平原地带平均气温明显偏高，这是西风气流翻越大兴安岭后形成的下沉焚风效应所致，平均温度最高的地区在齐齐哈尔市的南部，平均温度最低的地区在齐齐哈尔市的东北部区域，这一区域为浅山高平原，是由特殊的地形效应和偏西气流的二次抬升所致。

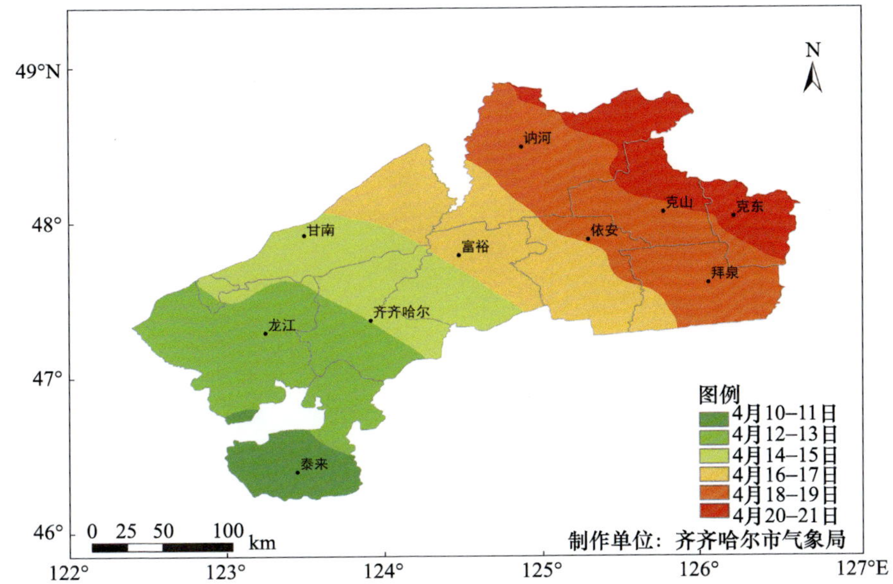

图 2.2 齐齐哈尔温度生长期初日分布图(1991—2020 年)

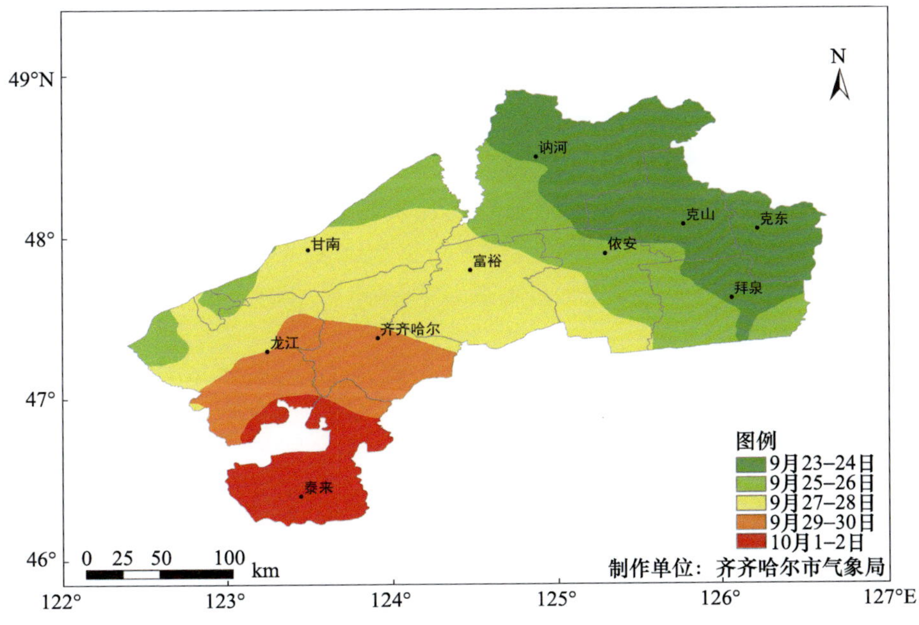

图 2.3 齐齐哈尔温度生长期终日分布图(1991—2020 年)

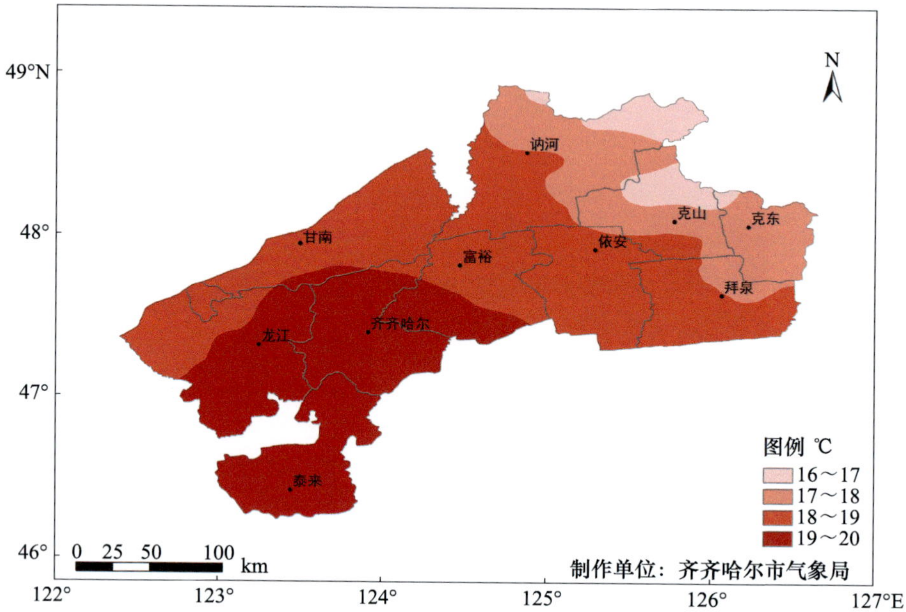

图 2.4 齐齐哈尔生长季平均气温分布图(1991—2020 年)

温度对作物的生长发育的影响，可以表示为有利和不利两个方面。在作物的生长过程中，有三个基点温度，即最低温度(下限温度、生物学 0 ℃)、最适温度和最高温度(上限温度)。在最适温度条件下，作物生长发育最快，在最低和最高温度条件下，作物停止生长发育，如果温度继续降低或升高，作物就会受到危害甚至死亡。不同作物的三个基点温度是不同的，同一作物的不同发育期三个基点温度也是不同的，一般在花芽分化期对最低温度比较敏感。三个基点温度中，最适温度较接近最高温度，而远离最低温度。气温是以温度强度及其持续时间两方面来综合影响作物发育的。在其他外界条件基本满足的前提下，温度对作物的发育起着主导作用。

3. 界限温度

(1)农业界限温度

是指具有一定生物学意义又能指示农业活动的温度。作物的生长发育是由热量条件支配的，不同作物的起始温度不同。在农业气候工作中，根据作物的一般生长特性要求，大致定出一些以日平均气温表示的界限温度，通常是以平均气温稳定通过 0 ℃、5 ℃、10 ℃、15 ℃和 20 ℃作为农业界限温度。

(2)界限温度的农业意义

0 ℃的农业意义：标志冰雪融化，土壤开始解冻，因此，日平均气温稳定通过 0 ℃

的持续天数为适宜农耕期；秋季日平均气温稳定通过 0 ℃终日标志着土壤冻结，大田的农事活动基本结束，0 ℃以上的持续日数可用来评定地区农事季节的长短。春季≥0 ℃的初始日期正是齐齐哈尔小麦适宜播种期。

5 ℃的农业意义：为作物全生长期，其开始日期与大叶杨树花芽开放期相吻合，同大田作物的播种期相一致，是大豆的最佳播种期，所以将 5 ℃以上的持续时期称为生长期。

10 ℃的农业意义：是一般喜温作物生长发育的起始温度，这一温度也是喜凉作物开始积极生长、积累干物质的温度，其终日与秋季蒲公英枯黄期基本一致，与秋季枯霜冻相吻合。

(3)齐齐哈尔界限温度的空间分布

图 2.5～图 2.10 为齐齐哈尔稳定通过 0 ℃、5 ℃、10 ℃初日、终日分布图。

稳定通过 10 ℃初日(图 2.9)时间差异较大，大部分地区在 4 月 30 日—5 月 11 日；讷河、克山、拜泉等地的北部以及克东较晚，在 5 月 9—11 日；龙江的东南部、富裕南部、市区以及泰来较早，其余在 5 月 3—5 日。

稳定通过 10 ℃终日(图 2.10)，基本是由北向南逐渐拖后，在东北部地区的讷河、依安、克山、拜泉等地的北部以及克东较早，在 9 月 23—24 日；南部地区的龙江南部、市区南部以及泰来较晚，在 9 月 28 日—10 月 2 日；其余地区基本都在 9 月 25—27 日。

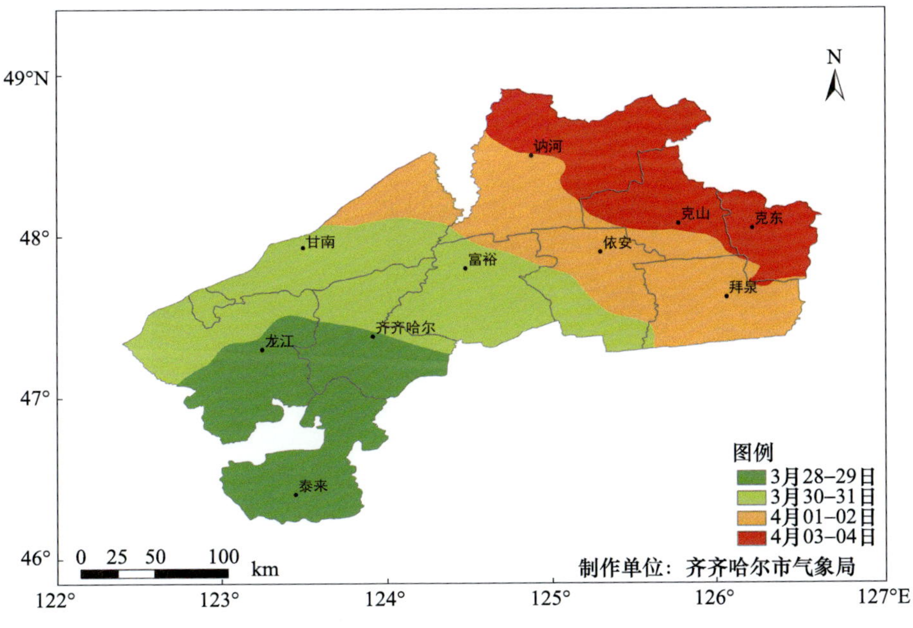

图 2.5 齐齐哈尔稳定通过 0 ℃初日分布图(1991—2020 年)

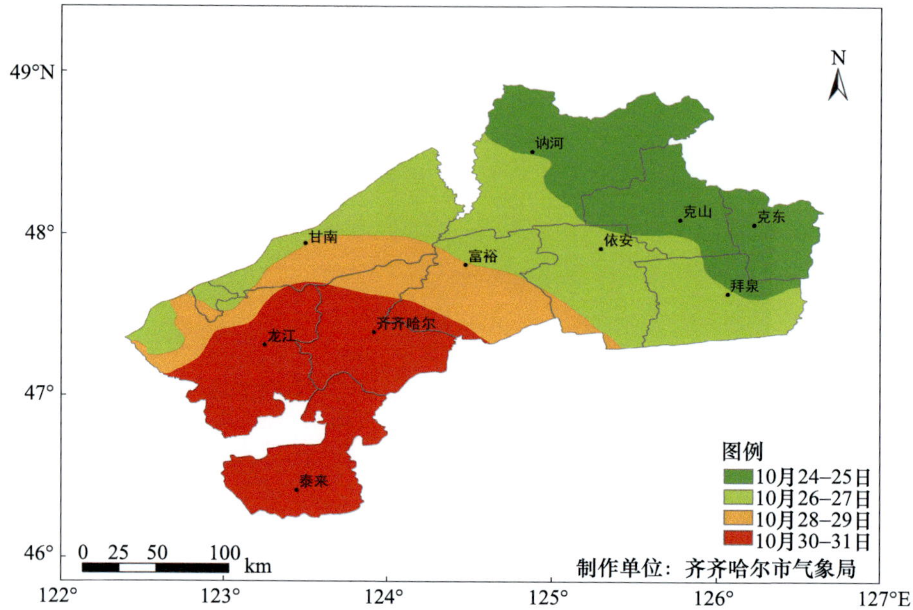

图 2.6 齐齐哈尔稳定通过 0 ℃终日分布图(1991—2020 年)

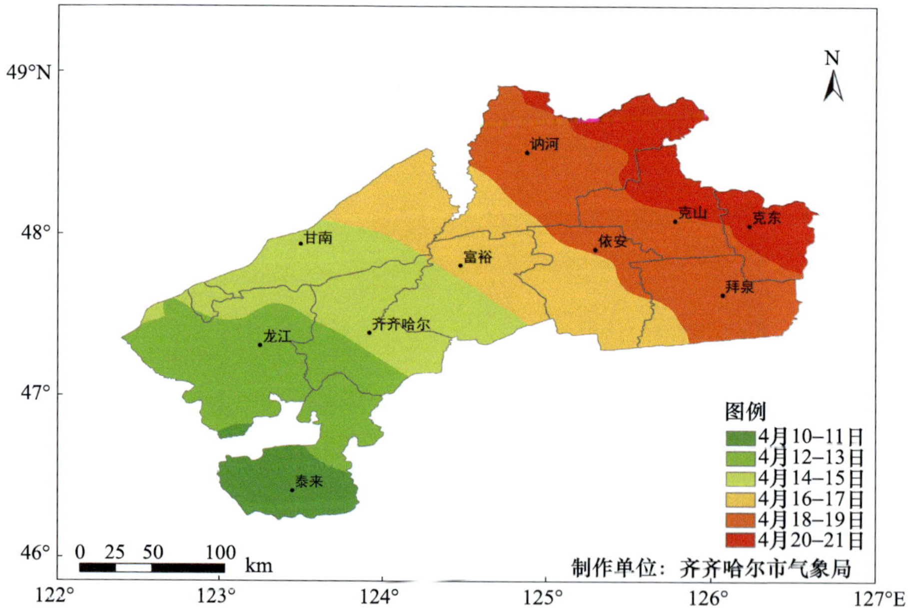

图 2.7 齐齐哈尔稳定通过 5 ℃初日分布图(1991—2020 年)

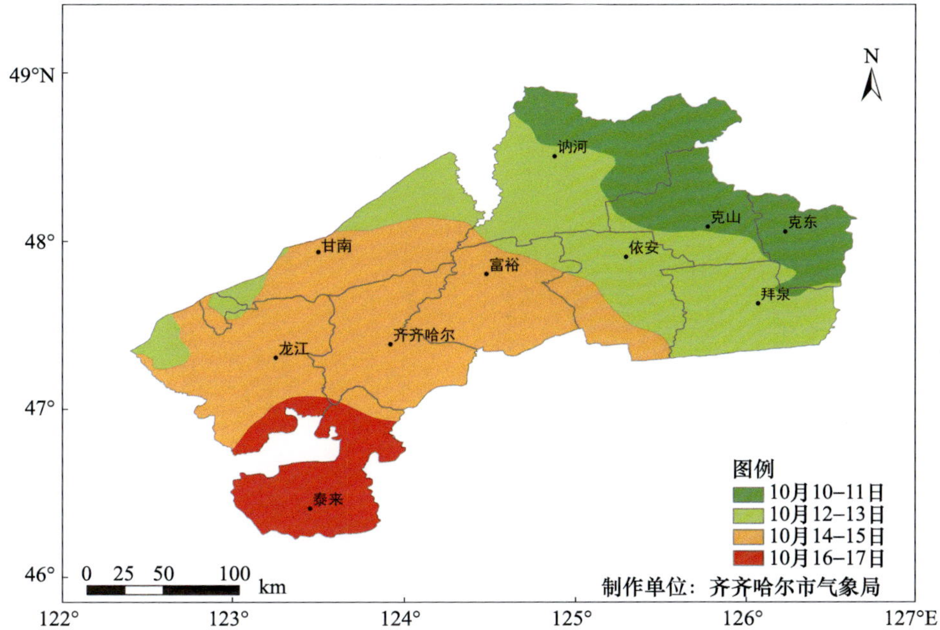

图 2.8　齐齐哈尔稳定通过 5 ℃终日分布图(1991—2020 年)

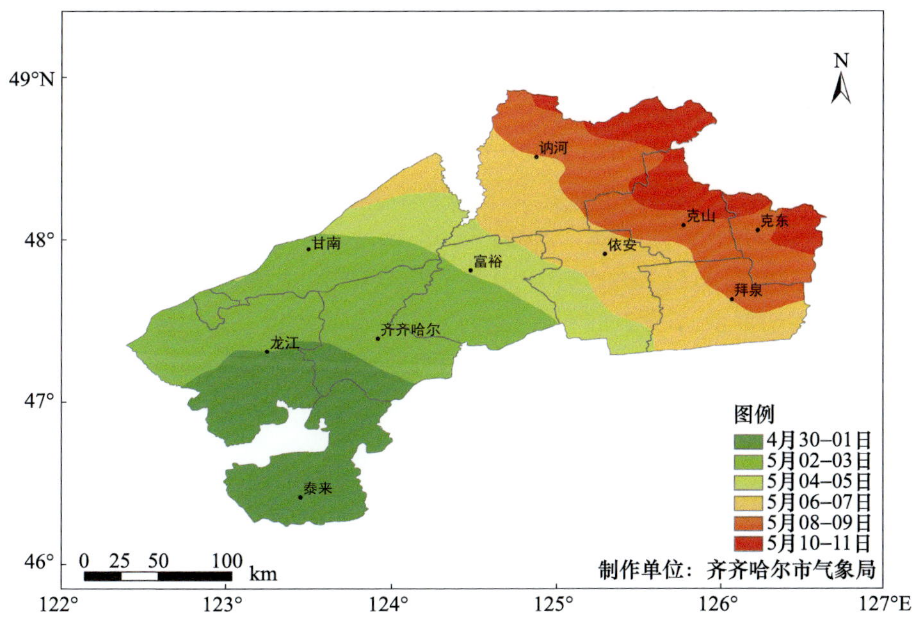

图 2.9　齐齐哈尔稳定通过 10 ℃初日分布图(1991—2020 年)

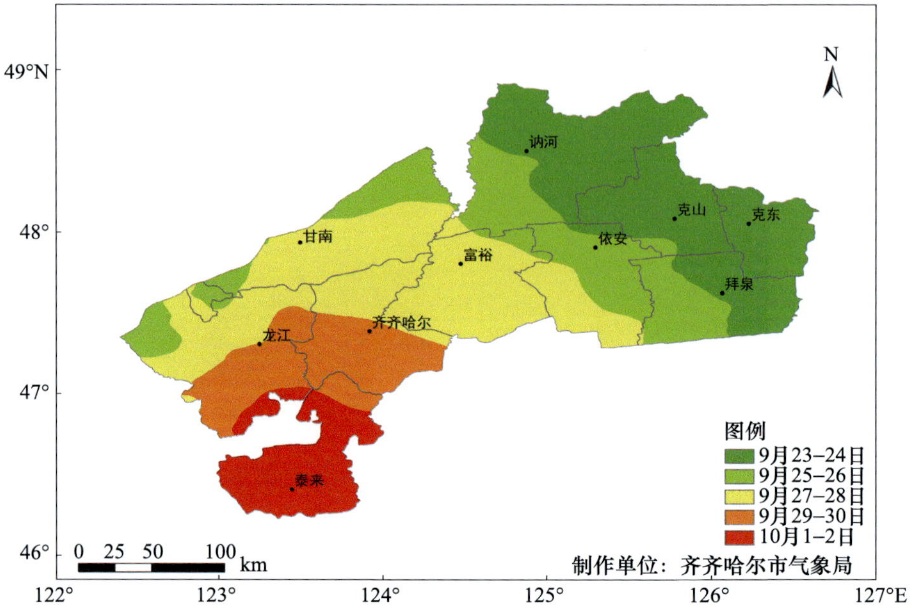

图 2.10　齐齐哈尔稳定通过 10 ℃终日分布图(1991—2020 年)

4. 积温的分布和温度水平

实践证明，在其他条件都得到满足的情况下，作物生长发育不仅要求一定的温度水平，并且要求积累一定的温度总和，即满足了一定积温后才能完成其发育期，因此，积温在农业生产中有着重要意义。

(1)齐齐哈尔≥10 ℃、5 ℃、0 ℃积温空间分布

为了提高农业生产的稳定性，农业气候指标常取一定保证率①的指标值。目前，农业生产中常以 80% 的保证率为依据。因此，本节中采用 80%保证率下的≥10 ℃积温来鉴定齐齐哈尔的热量程度。从齐齐哈尔≥10 ℃积温(80%保证率)分布图中可以看出(图 2.11)，齐齐哈尔的积温分布近似纬向型分布，这种分布特征与齐齐哈尔的地理环境基本吻合，也较好地反映了气流在越过大兴安岭后形成的下沉焚风效应对这个区域温度的影响程度。总体来说，积温的分布还是由南向北逐渐递减的。

① 保证率是指某段时间内，某气象要素值高于(或低于)某一界限指标的频率总和。

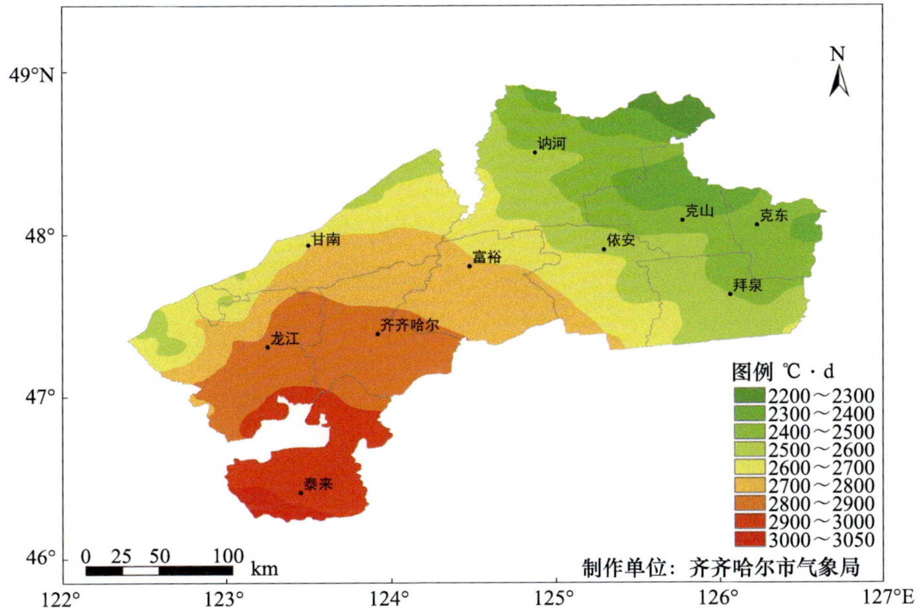

图 2.11 齐齐哈尔≥10 ℃积温(80%保证率)分布图(1991—2020 年)

图 2.12、图 2.13 为齐齐哈尔≥5 ℃、0 ℃积温分布图。

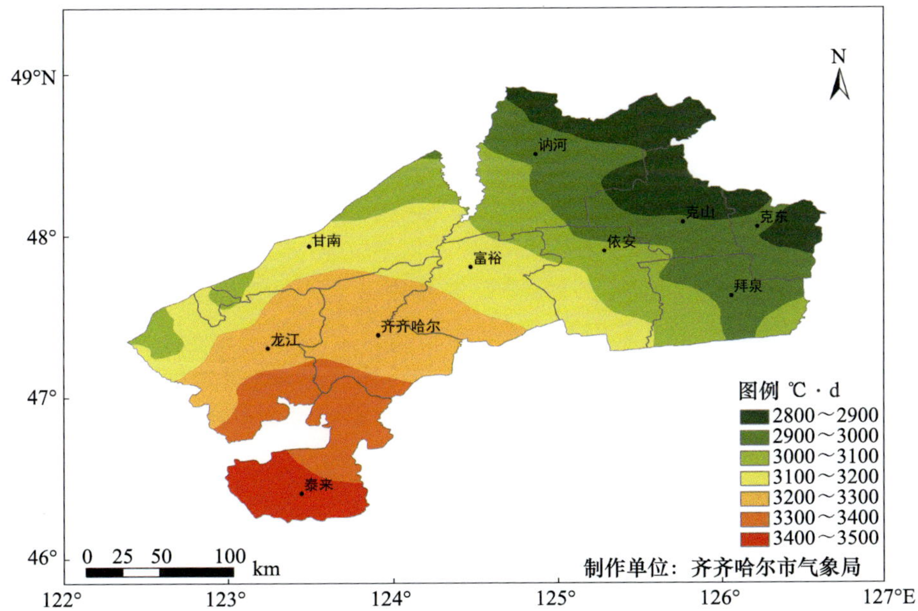

图 2.12 齐齐哈尔≥5 ℃积温分布图(1991—2020 年)

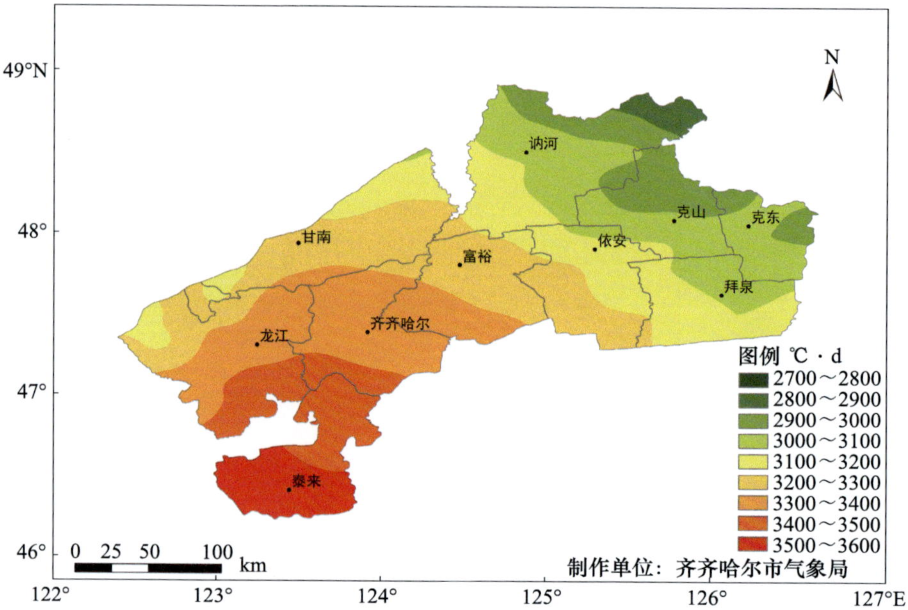

图 2.13　齐齐哈尔≥0 ℃积温分布图(1991—2020 年)

(2)齐齐哈尔≥10 ℃积温与适宜种植作物的关系

齐齐哈尔≥10 ℃积温基本在 2500～3000 ℃·d,适宜种植喜凉作物及各种蔬菜,早熟水稻、玉米和高粱、中晚熟谷子和大豆、甜菜、油菜。

二、水分资源

水分资源是农业生产的物质基础,是作物生长发育不可缺少的因子,在光热及其他条件都满足的情况下,水分资源的数量及其分布特点,决定着作物的种类构成、种植制度以及产量的稳定性等。对水分资源按农业生产的要求进行鉴定和分析,对于农业生产具有很大的参考价值和意义。

水分资源包括大气降水、地下水、土壤水和地表水四种,而大气降水是水分资源的主要成分,也是其他三部分的影响因素,本节主要通过大气降水来评价水分资源在齐齐哈尔市农业生产中的作用和潜力。

1. 大气降水对作物的影响

大气降水不是全部进入土壤之中,降水到达地面之前,首先被植物截留一部分,落到地面后,又有一部分形成地面径流,而渗入土壤中的水分还可能有一部分在重力作用下汇入地下水,称为渗漏,因此,在土壤中的水分仅仅是降水量的一部分。

(1)降水性质和强度对作物的影响

热雷雨和夜雨最有利于作物生长发育。因为这些降水能保证作物的水分供应，又使作物有充足的光合作用时间，有利于有机物合成。热雷雨还伴随着闪电，能分解空气中的氮而给作物带来氮肥，连阴雨虽然供给作物较多的水分，但因下雨延续时间长，而影响光合作用的进行，不利于有机物质的合成和积累。

从降水的强度来看，中雨比较有利，有效性大；暴雨常造成水涝灾害，使土壤泥沙大量流失，破坏土壤结构和肥力，淹没农田后还使土壤中氧气减少，致使根系死亡；小雨对作物有效性差。

(2)降水季节分配对作物的影响

当年内降水分配不均时，则可能产生干旱或水涝，齐齐哈尔市降水季节分配，总的来说对作物生长发育是有利的，但有时又因降水过多或过少而造成农业上的主要灾害——旱和涝，并往往造成作物产量的不稳定。

春季是大田播种、幼苗生长的时期，作物对水分的需求量急剧增多，齐齐哈尔市春季降水相对较少，气温回升快，风力大，在春季经常有短时干旱发生；夏季是作物生长旺盛的时期，也是作物大量需水的时期，进入雨季后，会有暴雨和短时强降水的发生，造成内涝，对作物生长不利；秋季因为作物进入了生长后期，对水分需求量逐渐减少，降水一般都可以满足作物的需要，但是秋季降水过多，也会对秋收工作不利。

2. 齐齐哈尔自然降水的月分布

以全市月平均降水量分析各月降水分布和绘制各月降水量占全年总降水量百分比饼图。

从图 2.14 中可以看出，7 月份降水量最多，为 142.7 mm，占全年降水量的 29.0%；第二位的是 8 月份，降水量为 109.1 mm，占全年降水量的 22.1%；第三位的是 6 月份，降水量为 89.1 mm，占全年降水量的 18.1%；第四位是 9 月份，降水量为 54.3 mm，占全年降水量的 11.0%；其余各月降水量占全年的百分比均在 10%以下。

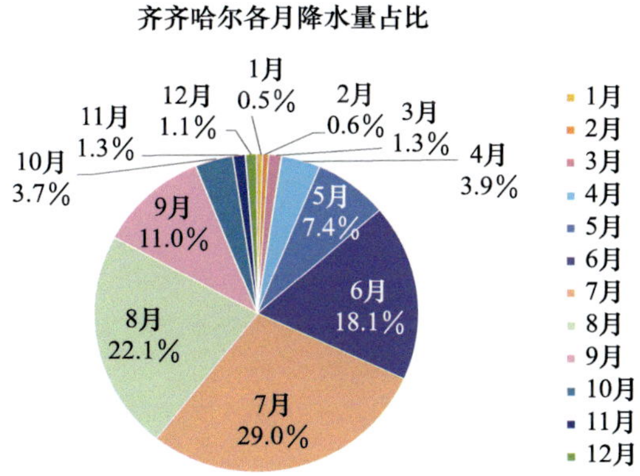

图 2.14　齐齐哈尔各月降水量占比(1991—2020 年)

3. 齐齐哈尔全年自然降水的季节分配情况

齐齐哈尔各县(市)降水量分配情况基本相近,夏季降水量最多,在285.8～371.8 mm,全市平均341.2 mm,占全年降水量的69.3%,热量条件峰值也在夏季,雨热同季,有利于作物的生长发育,详见表2.1。

表2.1 齐齐哈尔各县(市)降水量季分布及占全年降水量比值

站点	春季		夏季		秋季		冬季	
	降水量/mm	占比/%	降水量/mm	占比/%	降水量/mm	占比/%	降水量/mm	占比/%
讷河	60.7	12.0	343.6	68.2	86.4	17.2	13.2	2.6
克东	73.5	13.5	361.0	66.2	99.5	18.2	12.2	2.2
克山	64.7	12.1	371.8	69.3	87.4	16.3	12.7	2.4
拜泉	69.2	12.9	371.8	69.2	85.3	15.9	11.1	2.1
依安	62.9	12.6	340.0	68.1	83.8	16.8	12.9	2.6
富裕	59.1	12.7	318.6	68.7	75.3	16.2	11.1	2.4
甘南	58.3	11.9	354.3	72.3	67.6	13.8	9.5	1.9
龙江	56.1	11.4	355.1	72.1	72.1	14.6	9.5	1.9
齐齐哈尔	57.5	12.9	309.5	69.3	69.4	15.5	10.4	2.3
泰来	55.1	13.5	285.8	69.9	59.9	14.6	8.5	2.1
全市平均	61.7	12.6	341.2	69.3	78.7	15.9	11.1	2.3

4. 齐齐哈尔自然降水的地区分布

图2.15～图2.19为齐齐哈尔春季、夏季、秋季、冬季和生长季平均降水量分布情况。从各时段降水分布图中可以看出,齐齐哈尔市的降水分布基本是从西南向东北方向递增。

5. 水分状态

(1)水分生长期

水分生长期是指1年之中自然降水超过40%蒸散量的那段时间,第1个超过日期为生长期开始期,最后1个超过日期为生长期结束期;湿润期的意义和水分生长期相近,即自然降水量超过蒸散量的日期为湿润期,第1个超过的日期为开始期,最后1个超过日期为终止期。

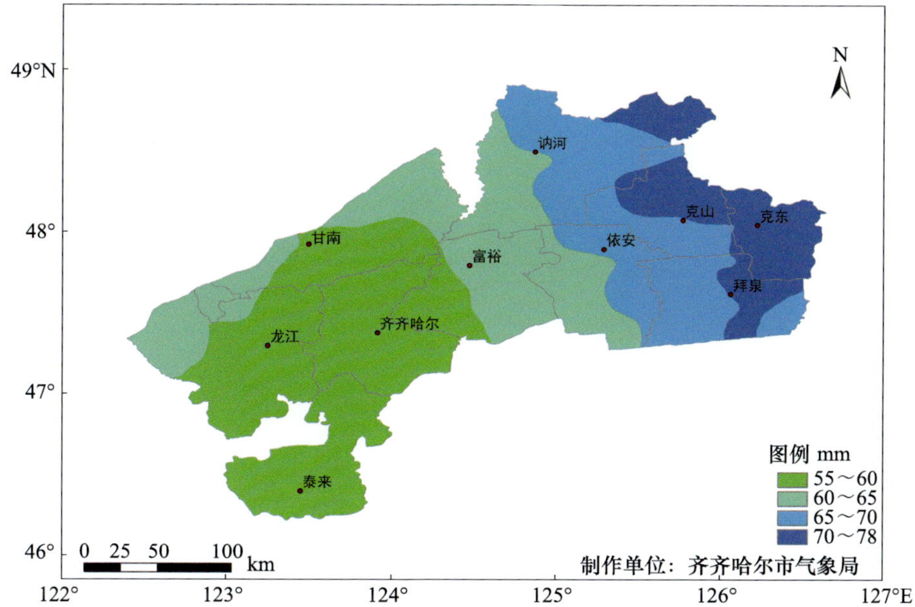

图 2.15　齐齐哈尔春季平均降水量分布图(1991—2020 年)

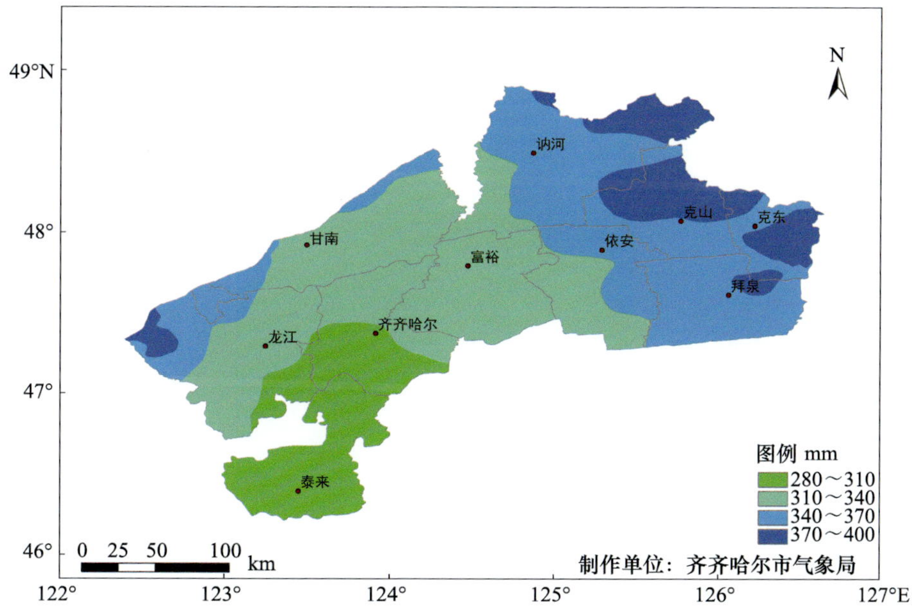

图 2.16　齐齐哈尔夏季平均降水量分布图(1991—2020 年)

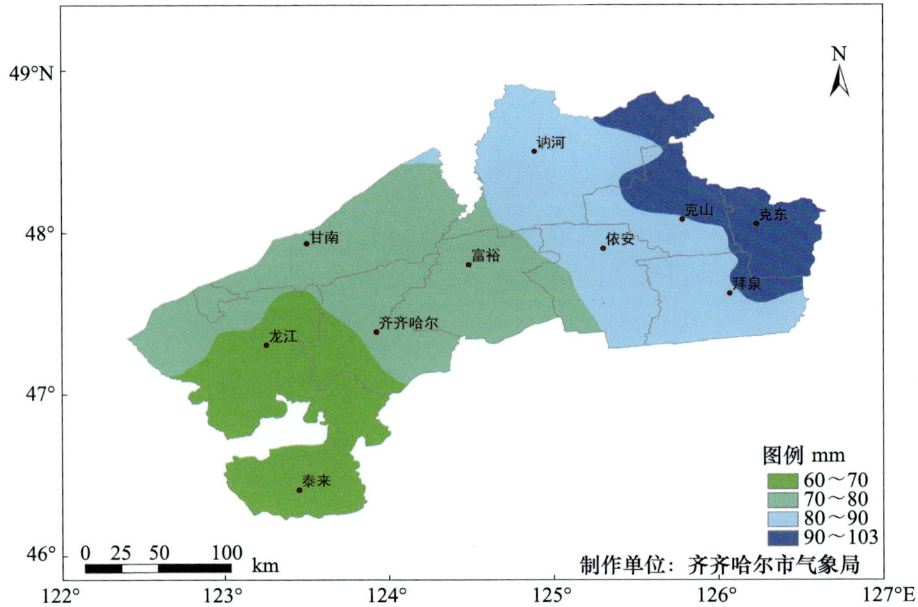

图 2.17 齐齐哈尔秋季平均降水量分布图(1991—2020 年)

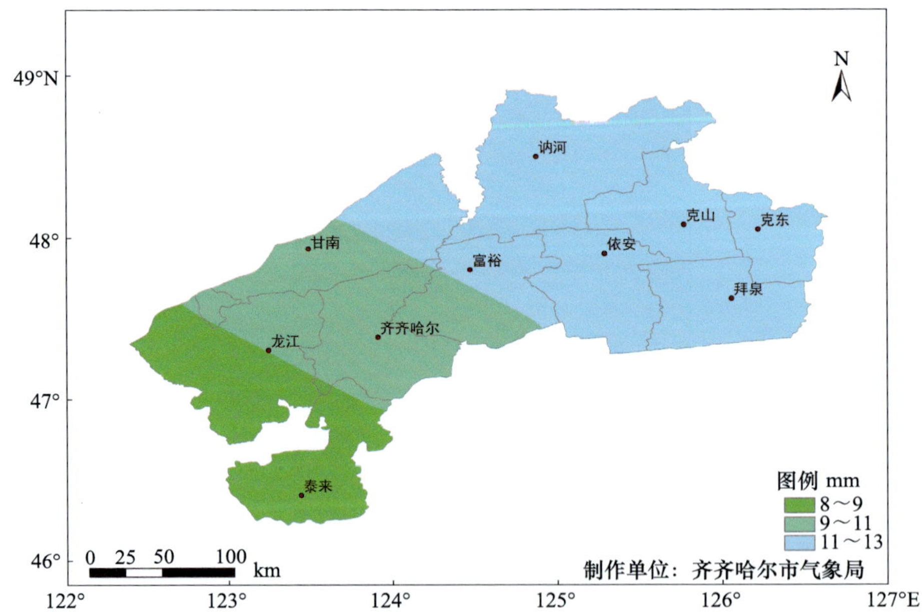

图 2.18 齐齐哈尔冬季平均降水量分布图(1991—2020 年)

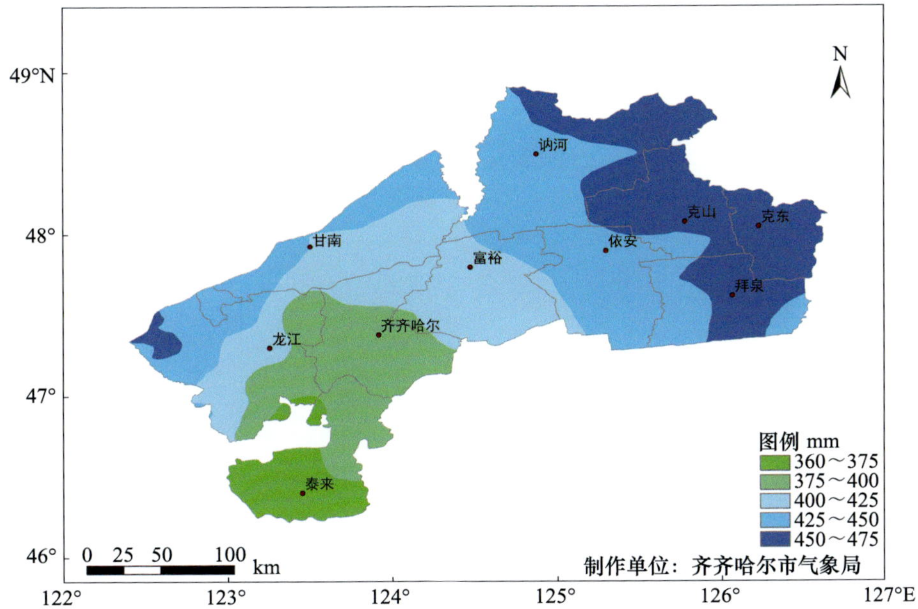

图 2.19 齐齐哈尔生长季平均降水量分布图(1991—2020 年)

蒸散量的计算方法我们采用苏联伊万诺夫方法，其公式为：

$$E=0.0018\times(T+25)^2\times(1-U)$$

式中，E 为月蒸散量，T 表示月平均气温(℃)，U 表示月平均相对湿度(%)，具体日期采用线性内插方法求出即可。

(2)齐齐哈尔水分生长期初日分布情况

水分生长期初日自东北向西南依次推后，最早出现在东北部地区的讷河、克山、克东等地的北部，在 5 月 23—26 日；市区、泰来县大部和龙江县的西南部水分生长期开始的最晚，在 6 月 1—4 日，详见图 2.20。

(3)齐齐哈尔水分状态分类

根据齐齐哈尔历年水分生长期情况，将齐齐哈尔水分状态分为以下几个类型：

①干旱型

干旱按发生时段可分为春旱、春夏连旱、初夏旱和春旱加秋旱，下面我们通过举例来分析，以时段内降水量小于该时段内 40%蒸散量的标准作为干旱指标来验证干旱实例。从图 2.21 和图 2.22 中可以看出，降水量小于 40%蒸散量的时段正是干旱发生的时段，与实际相符。

②涝型

按照洪涝发生的时段，可将洪涝分为春涝、夏涝、秋涝、春夏涝和夏秋涝，当时段内降水量大于 3 倍蒸散量时，就会有洪涝发生，通过图 2.23、图 2.24 中的个例来分析洪涝灾害。

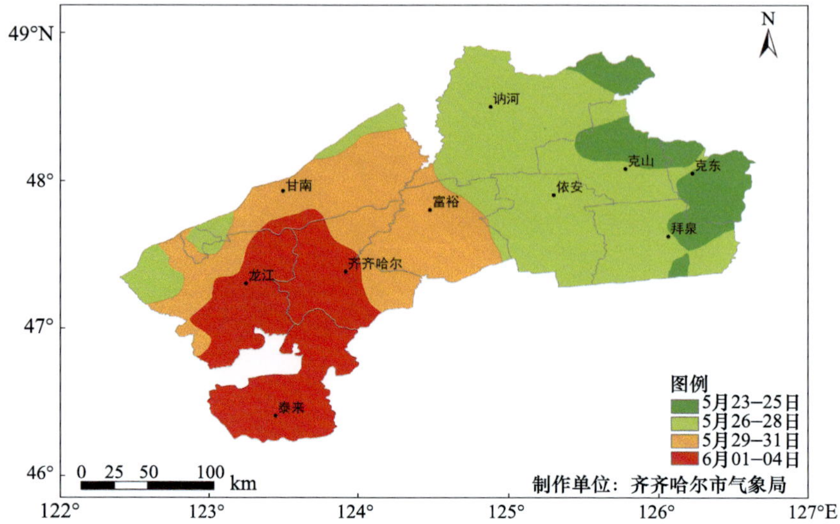

图 2.20　齐齐哈尔水分生长期初日分布图(1991—2020 年)

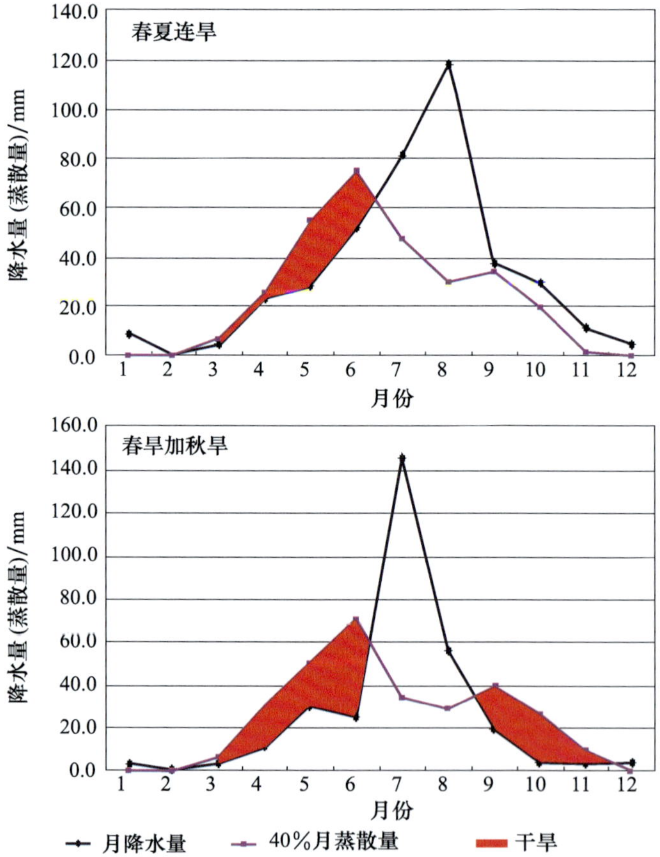

图 2.21　春夏连旱和春旱加秋旱分析图

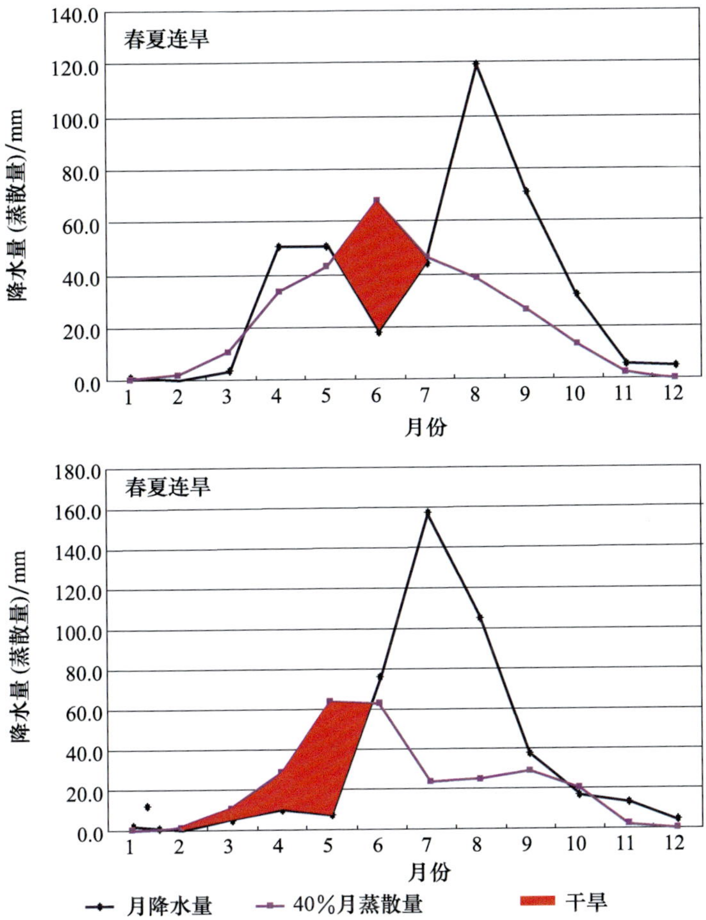

图 2.22 春夏连旱分析图

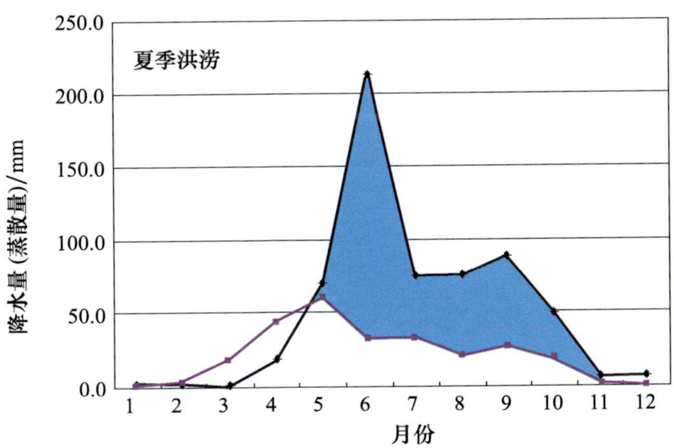

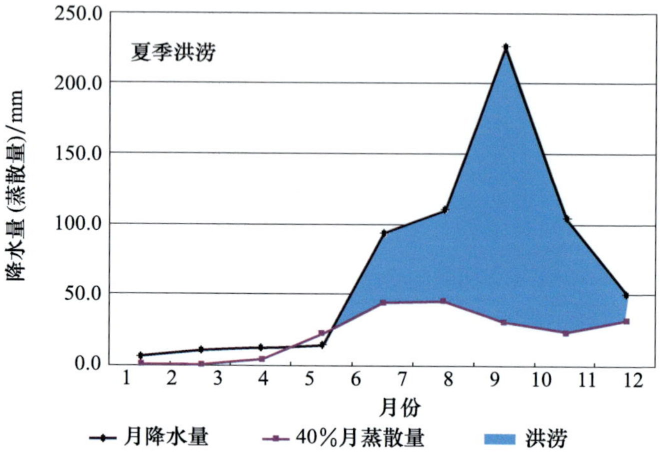

图 2.23　夏季洪涝分析图

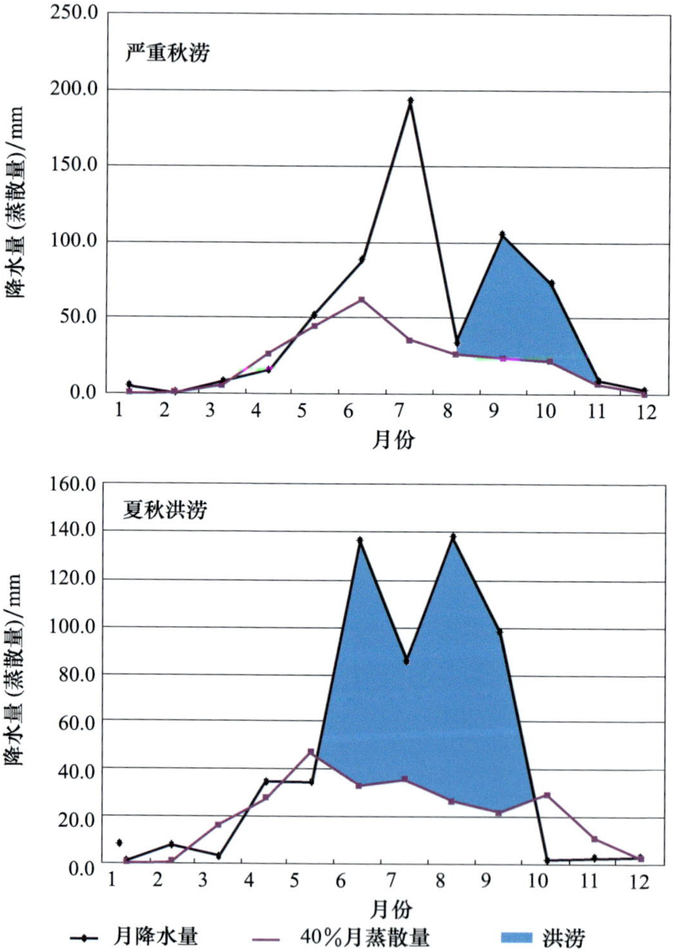

图 2.24　秋涝和夏秋洪涝分析图

从统计结果看，齐齐哈尔出现最多的是干旱型中的春旱，其次是涝型的夏涝。春涝概率最小。

三、光资源

1. 日照时数定义

日照时数：太阳在一地实际照射的时数。在一个给定时段内太阳直接辐照度大于或等于 120 瓦每平方米（W/m^2）的各分段时间的总和。日照时数也称实照时数。

可照时数：在无任何遮蔽条件下，太阳中心从某地东方地平线到进入西方地平线，其光线照射到地面所经历的时间。

日照百分率：日照时数与可照时数的百分比叫日照百分率。

2. 齐齐哈尔市日照情况简述

齐齐哈尔市常年年平均日照时数 2688 h，5 月日照时数最多（262.6 h），12 月最少（160.2 h）；市区及各县（市）中，全年日照时数最多为甘南（2935.3 h），最少为拜泉（2479.7 h），详见表 2.2。

表 2.2　齐齐哈尔各县（市）日照时数（1991—2020 年） 单位：h

站点	1月	2月	3月	4月	5月	6月	7月	8月	9月	10月	11月	12月	全年
讷河	180.2	207.7	255.7	244.8	260.9	254.7	243.1	239.1	235.7	210.3	174.2	159.0	2665.4
克东	178.6	208.4	255.6	242.3	259.3	247.4	237.2	235.8	232.0	205.3	173.1	156.9	2631.9
克山	168.2	202.0	247.6	235.5	252.2	249.0	241.8	236.5	231.6	204.0	170.0	150.2	2588.6
拜泉	156.1	190.5	239.1	225.8	243.3	239.2	237.2	233.0	221.8	193.5	162.1	138.1	2479.7
依安	195.0	221.3	271.8	260.0	274.2	258.2	241.4	238.8	239.5	212.9	183.4	171.0	2767.5
富裕	176.8	206.8	251.6	235.7	246.9	234.1	226.1	224.8	226.8	209.4	170.9	153.4	2563.3
甘南	206.8	227.3	275.1	271.4	283.9	275.6	264.9	262.0	254.6	234.6	196.4	182.7	2935.3
龙江	182.1	204.4	250.8	245.8	263.2	253.8	249.5	246.6	239.9	217.3	171.3	155.1	2679.8
齐齐哈尔	195.3	215.0	262.4	255.6	272.0	269.4	261.0	260.3	251.0	224.1	183.8	170.2	2820.1
泰来	189.6	207.9	253.2	250.8	270.0	264.0	255.4	255.2	247.8	219.0	178.0	165.3	2756.2
平均	182.9	209.1	256.3	246.8	262.6	254.5	245.8	243.2	238.1	213.0	176.3	160.2	2688.8

第三章 农业气象灾害

齐齐哈尔市是以农业经济为主的国家重要商品粮基地，盛产玉米、水稻和大豆等大田作物，以及瓜果、蔬菜、药材等经济作物。其地处中高纬度，具有明显的大陆性季风气候特征，气候资源较丰富，但气象灾害也经常发生。影响齐齐哈尔市农业生产、造成产量不稳定的主要原因是各种气象灾害。特别是霜冻、旱涝的综合影响是使农作物大幅度、大面积减产的主要因素。据全国气象灾害综合风险普查及实际调查结果表明，齐齐哈尔市常发生的气象灾害中，危害最大的是干旱，其次是低温霜冻，再次是洪涝，之后依次为大风和冰雹。

一、干旱灾害

干旱是影响齐齐哈尔农业生产最严重的灾害之一，发生的范围广、出现频率高，是造成齐齐哈尔市农业减产的主要原因之一。

1. 干旱的概念与类型

干旱是指长期降水偏少，造成空气干燥、土壤缺水，使农作物和牧草体内水分亏缺，影响农作物播种和牧草返青，或者影响农作物和牧草的正常生长发育，导致农牧业减产以及河流干涸、人畜饮水困难的一种气象灾害。

齐齐哈尔的干旱以春旱和夏旱为主，春夏连旱次之，秋旱则较少，影响作物产量的也是春旱和夏旱及春夏连旱。

春旱：春季冷暖空气活动势力较弱，冷暖气团交锋的机会较少，造成长时间无雨。而此时升温迅速、空气干燥、春风大、蒸发量大，使土壤有效水分储量大为减少，因而形成干旱。春旱不仅取决于降水量的多少，而且还与底墒的好坏及接墒雨的早晚有关。

夏旱、秋旱：夏季干旱主要是由于受暖高压影响，导致长时间降雨很少；秋季干旱可促进作物及早成熟，但对蔬菜生长十分不利。农田里 10～20 cm 深的土壤相对含水量小于 70%时，植株就已经处于干旱胁迫状态。

土壤干旱是由于土壤水分亏缺，作物的根系难以从土壤中吸收到足够的水分去补偿蒸腾的消耗，从而引起作物体内水分平衡失调。

将格点降水量与潜在蒸发量的差值记为干湿指数，并用干湿指数来衡量齐齐哈尔的干湿特征，齐齐哈尔市生长季整体呈干旱特征（总降水量小于总蒸发量），讷河、克山、克东、依安以及拜泉干旱程度较轻，齐齐哈尔市区、龙江和泰来干旱程度较为严重，其中泰来西部干旱最为严重，详见图 3.1。

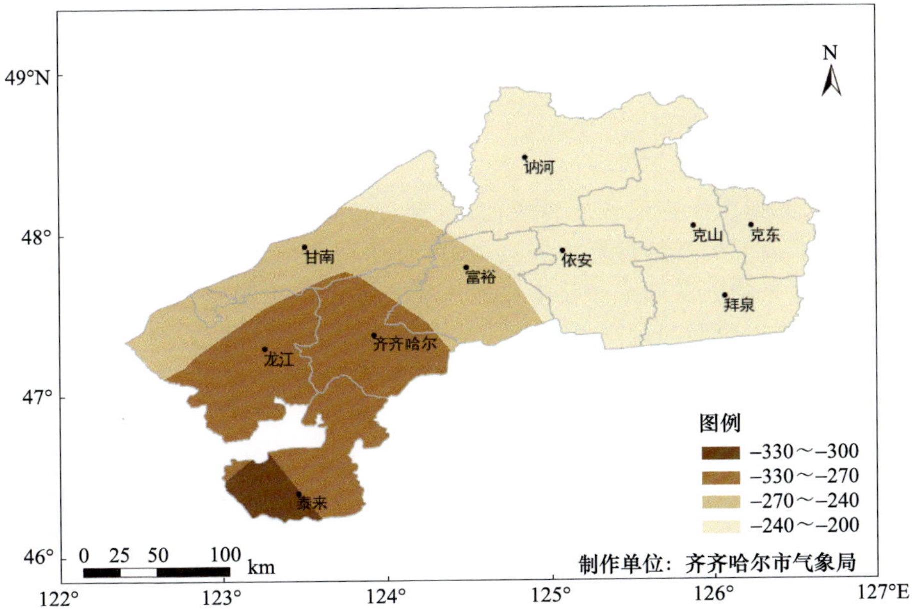

图 3.1 齐齐哈尔生长季干湿指数分布图(1991—2020 年)

2. 干旱对农业生产的影响及预防措施

干旱对农作物的有害影响表现在它破坏了植物的水分平衡，使得作物的生长过程不能正常进行，从而影响结实，进而影响产量。

(1)播种期干旱：播种期干旱常常因为满足不了种子发芽的水分需要，播种后的大田出现炕种、芽干现象，而导致出苗不齐、缺苗断垅，即使勉强出苗，长势也较弱。

(2)苗期干旱：6 月份大田作物进入苗期，玉米、大豆由于水分供应不足，致使幼苗植株矮小，发育不良。

(3)作物水分临界期干旱：小麦拔节期是需水关键期，干旱缺水造成小麦的大量分蘖死亡或者发育滞后，成为无效分蘖，从而导致产量下降；水稻在移栽返青期时出现严重的渴水现象，对水稻扎根返青十分不利。在作物花形成期水分供应不足，会造成花的发育不良，使穗粒数减少。

(4)作物灌浆成熟期干旱：籽粒灌浆不足，籽粒过早干燥、不饱满，致使千粒重下降而减产。

干旱的预防措施：可兴修水利、搞好农田基本建设，根据干旱规律来安排农业生产；节水灌溉，如用先进的喷灌、滴灌等节水灌溉技术，提高水的利用率；培育和选用抗旱的作物品种，耕作保墒；覆盖或用化学物质喷洒来抑制蒸发；实施人工增雨作业等措施来减轻干旱的影响。

二、低温冷害

1. 低温冷害的概念和类型

(1)低温冷害的概念

低温冷害是指在作物生长发育期间，尽管日最低气温在0℃以上、天气比较温暖，但出现较长时间的持续性低温天气，或者在作物生殖生长期间出现短期的强低温天气过程，日平均气温低于作物生长发育适宜温度的下限指标，从而影响农作物的生长发育或结实而引起减产的农业气象灾害。冷害对不同作物、品种、发育期的危害是不同的。一般作物在苗期和生育后期对冷害抗御能力较强，而在生殖器官开始分化到抽穗、开花、受精及灌浆初期对冷害最为敏感。

齐齐哈尔市由于受大陆季风气候影响，气温变化不稳定、波幅较大，夏季每遇低温极易引起大范围的低温冷害，对农业生产的影响十分严重，造成粮食作物的大幅度减产。

通过气候分析，总结出气温变化对作物产量的影响指标，详见表3.1。

表3.1 气温与历年同期对比及对产量影响 单位:℃

	5月	6月	7月	8月	9月	5—9月	产量变化
丰	1.2	0.5	0.1	0.2	0.1	1.9	增产9.0斤/亩
平	0.3	正常	正常	0.3	0.1	0.6	增产0.6斤/亩
歉	0.9	0.5	0.5	0.8	0.1	2.8	减产52.0斤/亩

(2)根据冷害对作物危害时期的不同，可分为三种类型

①延迟型冷害：指作物营养生长期，在较长时间内遭受比较低的冷害危害，使作物发育延迟，以致在初霜到来之前不能正常成熟，而导致产量降低。

②障碍型冷害：指作物的生殖生长期内(主要是从颖花分化到抽穗开花期)遭受短时间(一般仅几天)异常的低温，使生殖器官的生理机制受到破坏，造成颖花不孕，空壳很多而减产。

③混合型冷害：又称兼发型冷害，在作物生育初期遇低温延迟生育和抽穗，到孕穗期又遇低温危害，使部分颖花不育发生空壳秕粒，给作物产量带来严重影响。

2. 低温冷害对作物的危害

当作物遭遇冷害时，一般认为作物体内细胞中具有生命的细胞质流动减慢，并逐渐停止流动，作物养分的吸收和输送也就因细胞质的停止流动而受到阻碍。如果低温冷害持续时间短，温度回升后，细胞内细胞质仍能恢复正常流动，作物也继续正

常地生长发育；若低温冷害持续时间较长，作物就会因细胞质的停止流动而停止生长。冷害的轻重取决于低温的强度、持续日数的长短及气温回暖的快慢。

自20世纪90年代以来，由于气候变暖的趋势越来越明显，大范围、高强度的低温冷害事件已少有发生，发生低温冷害事件的主要年份有1993和2009年，发生频率明显低于20世纪90年代以前。

三、霜冻灾害

初霜冻对作物的影响主要体现在对作物生长和籽粒灌浆造成危害。初霜冻出现以后，作物干物质转化停止，籽粒含水率偏大，造成粮食减产、品质下降，严重时作物将停止生长。初霜冻出现的越早，造成的危害就会越大，特别是出现在9月20日之前的初霜冻，可造成粮食的大幅度减产。终霜结束的晚会使春苗遭受冻害，造成毁种或延迟早晚生育期。

1. 霜冻灾害概论

（1）霜冻的定义和标准

当近地面的温度下降到0 ℃以下时，空气中的水汽在地面物体上凝华成白色的冰晶叫作霜，也称为白霜。而霜冻则是自地面（或百叶箱）的温度突然下降到农作物生长温度的下限时，农作物受到冻害的现象。

（2）霜冻的分类

产生霜冻的原因是温度下降，霜冻按其形成的原因可分为以下三类：

平流霜：由于强冷空气的侵入而直接形成的霜称为平流霜。

辐射霜：在晴朗、少云、风弱的夜晚，由于辐射冷却效应明显而形成的霜，称为辐射霜。

平流辐射霜（又称混合型）：由平流降温和辐射冷却共同作用产生的霜，称为平流辐射霜。这种霜在演变的后期是以辐射效应为主。

（3）齐齐哈尔霜冻概况

齐齐哈尔终霜冻多出现在喜温作物的出苗（移栽）之后，而秋霜冻是在喜温作物成熟之前。

2. 霜冻的等级划分

轻霜冻害：最低气温下降较明显，但低温强度不大，植株顶部、叶尖或少部分叶片受冻，受冻株率小于30%，部分受冻部位可以恢复。粮食作物减产幅度一般在5%以内。

中霜冻害：降温明显，低温强度较大，受冻株率在30%～70%，植株上半部叶片大部分受冻，且不能恢复；幼苗部分被冻死。粮食作物减产5%～15%。

重霜冻害:降温幅度和低温强度都很大,受冻株率70%以上,植株冠层大部叶片受冻死亡或作物幼苗大部分冻死。粮食作物减产15%以上或绝产。

3. 齐齐哈尔市霜冻灾害

据县级灾害普查及调查不完全统计显示,1991—2020年齐齐哈尔发生初霜冻灾害次数最多的是拜泉,为7次;其次是克山,6次;再次是讷河,5次;其他地区为1~3次,详见表3.2。

表3.2 齐齐哈尔初霜冻灾害次数(1991—2020年)

地区	讷河	克东	克山	拜泉	依安	富裕	甘南	龙江	齐齐哈尔	泰来	平均
初霜冻灾害次数	5	3	6	7	3	2	1	2	2	1	3.2

图3.2~图3.4为齐齐哈尔初霜日期、终霜日期和无霜期分布图。

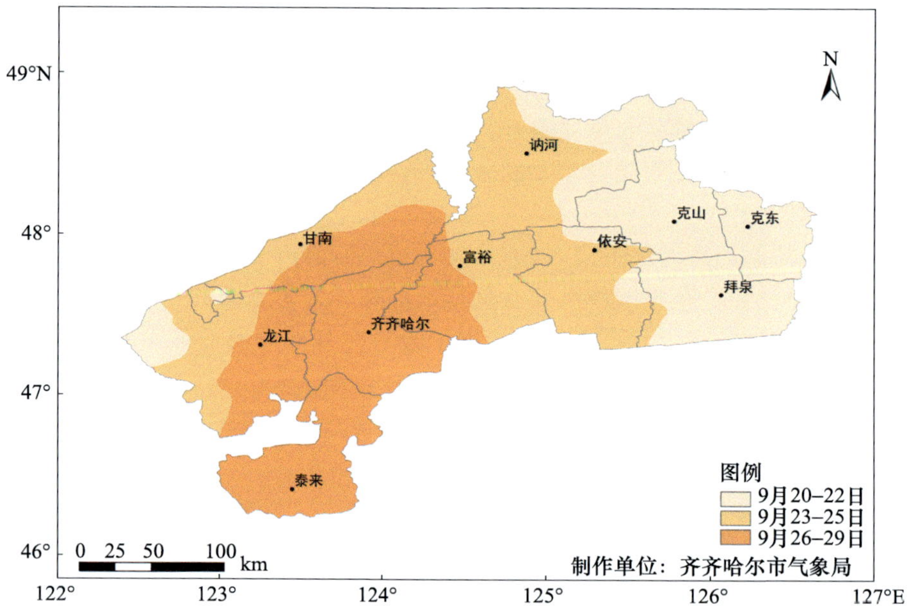

图3.2 齐齐哈尔初霜日期分布图(1991—2020年)

4. 农事建议

选择适宜种植地块;根据热量条件和霜冻发生时间,选择适宜种植作物;选择适宜播种期、移栽期;灌水延迟开花;采用喷药等方法促进早熟;控制氮肥;及时用抗菌素喷洒植株表面,杀死冰核活性细菌,防止霜冻形成。

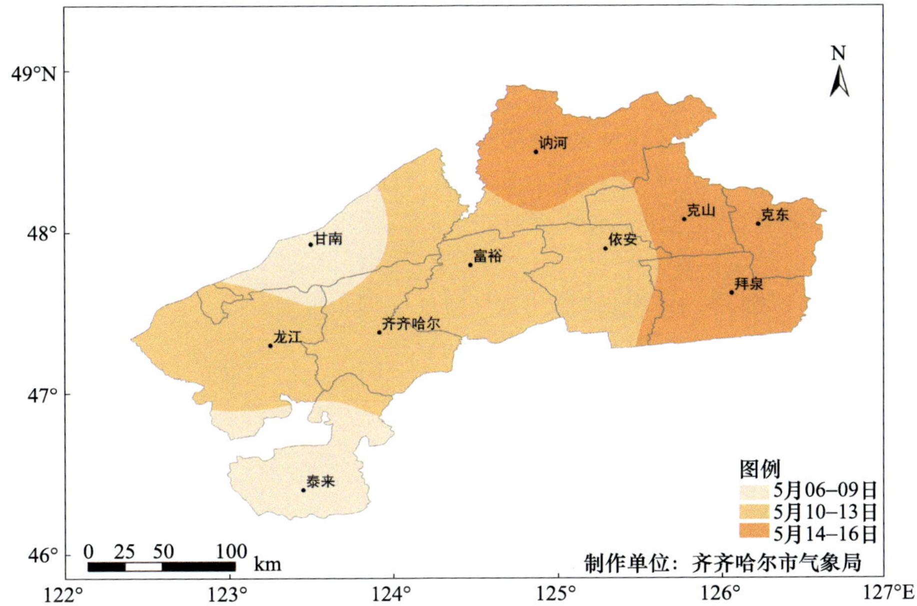

图 3.3 齐齐哈尔终霜日期分布图(1991—2020 年)

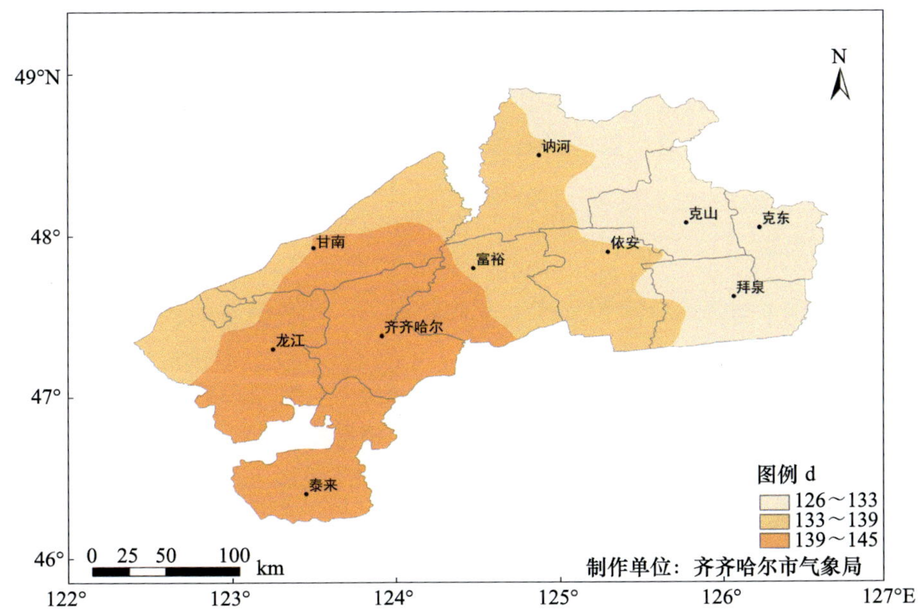

图 3.4 齐齐哈尔无霜期分布图(1991—2020 年)

5. 预防方法

熏烟法:注意两点:一是烟火点要密些,使烟幕覆盖全市;二是点燃时间应在午夜至凌晨 02—03 时,即最低温度到来前 1 h,并且要在上风方向。

灌溉法:潮湿的土壤热容量大,在霜冻发生的前一天灌水,提高保温能力。

喷水法:在霜冻发生前,用喷雾器对植株表面喷水,可使其体温下降缓慢,而且可以增加大气中水蒸气含量,水汽凝结放热,以缓和霜害。明显的霜冻天,可多次喷水。

覆盖法:用草帘、席子、草灰、尼龙布等覆盖或用土覆盖。

四、暴雨和洪涝灾害

洪涝是最常见且危害最大的一种灾害。洪涝波及范围广,来势凶猛,破坏性极大,会造成严重的经济损失和人员伤亡,对于农业生产来说,严重的洪涝灾害常常造成大面积农田被淹、作物被毁,导致粮食大幅度减产甚至绝产。

1. 洪涝和洪涝灾害的定义

"洪"是指由于降水或融雪等引起的江、河、湖、库等水位猛涨的现象。"涝"是指因大雨、暴雨或持续降雨使低洼地区淹没、渍水的现象。由洪和涝造成经济损失和人员伤亡形成的灾害分别称为洪灾和涝灾。由于洪灾和涝灾往往同时发生,有时难以准确界定,往往统称为洪涝灾害。洪涝灾害危害农作物生长,造成作物减产或绝收,破坏农业生产以及其他产业的正常发展。当表层土壤相对湿度超过 100% 即为洪涝开始。

2. 洪涝灾害指标及出现频率分析

根据不同季节的降水分布特征来分别确定春、夏、秋各季节的洪涝指标。

(1)旱涝等级

对齐齐哈尔市 1991—2020 年的旱涝史料进行评定,将旱涝程度分为以下五级:

大涝:同时有几地发生洪水泛滥,造成农业大幅度减产。

涝:大雨引起江堤决堤,冲毁道路桥涵,倒灌农田,使部分地区经济遭受损失。

正常:无灾年,平丰以上年景。

旱:因干旱引起的大面积虫灾造成农业歉收,或者部分地块出现降水量很少,影响作物正常生长发育的旱灾。

大旱:大面积干旱造成农业生产严重歉收的灾年。

(2)评定标准

以旱涝指数来定义干旱、洪涝程度,详见表 3.3。

表 3.3 旱涝等级标准表

旱涝指数 I	$I \leqslant -2.0$	$-2.0 < I \leqslant -1.0$	$-1.0 < I < 1.0$	$1.0 \leqslant I < 2.0$	$I \geqslant 2.0$
旱涝等级	大旱	旱	正常	涝	大涝

旱涝指数：
$$I=\frac{R_i-R'}{\delta}$$
式中，I 为旱涝指数，R_i 为某月降水量，R' 为月降水量的平均值，δ 为标准差。

(3)农事建议

加强农田基本建设，改良土壤，提高排涝和耐涝能力；洪涝灾害过后，及时做好田间排水，加强灾后病虫防控。

(4)春涝

指春季4、5月降水量过多或“桃花水”而形成的春季内涝现象，影响春耕生产，农作物因春播晚致使作物生育期拖后，遭秋霜危害而减产歉收。1991—2020年齐齐哈尔市发生春涝的概率为15.3%。

(5)夏涝

夏季6—8月洪涝主要是由暴雨和强降水造成的。降水过多，造成江河水位猛涨、山洪暴发、淹没农田，人民生命财产遭受损失。1991—2020年齐齐哈尔市发生夏涝的概率为15.7%。

(6)秋涝

主要是因8月下旬—9月出现连续降大雨而形成的，给大田作物成熟造成严重影响或绝产。1991—2020年齐齐哈尔市发生秋涝的概率为19.0%。

3. 齐齐哈尔市年平均暴雨日数的地区分布

根据降水量等级划分标准，统计齐齐哈尔市1991—2020年暴雨日数，具体降水量等级划分如表3.4所示。从年平均暴雨日数分布图中可以看出(图3.5)，齐齐哈尔市年平均暴雨日数在0.53～1.00 d，主要发生在龙江、甘南和克山。

表 3.4 降水量等级划分表

降水量等级	12 h降水量/mm	24 h降水量/mm
小雨	0.1～4.9	0.1～9.9
中雨	5.0～14.9	10.0～24.9
大雨	15.0～29.9	25.0～49.9
暴雨	30.0～69.9	50.0～99.9
大暴雨	70.0～139.9	100.0～249.9
特大暴雨	≥140.0	≥250.0

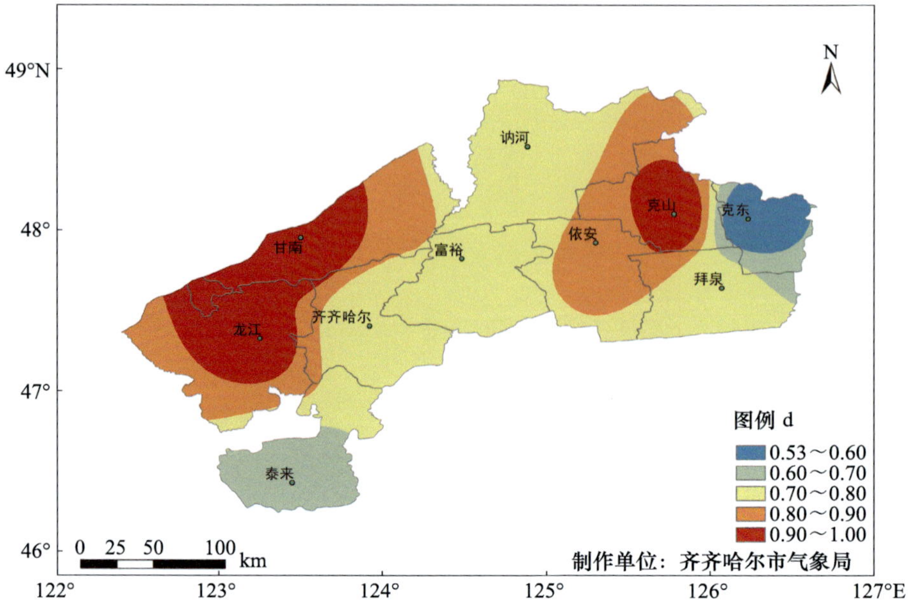

图 3.5 齐齐哈尔年平均暴雨日数分布图(1991—2020 年)

五、大风灾害

大风对农业生产影响较大，风速过大可造成耕层表土及种子被吹走、幼苗被土掩埋、作物倒伏、植株折断、花果脱落等。

1. 风的形成

风的形成源于地球表面吸收太阳辐射的能量，相对于地球赤道附近的太阳光，其他地区受阳光照射的地表均具有一定的倾斜，这就直接导致热带地区比两极地区要热，地表温差导致了大气中对流的产生。具体来说，在太阳的辐射下，风的产生是由于大气密度和压力的变化不均而引起的空气流动。作用于空气的力有很多种，包括重力、气压梯度力、摩擦力、科里奥利力、惯性离心力等。水平气压梯度力是空气产生水平运动的直接原因和动力，即产生风的直接原因和动力。

2. 大风的概念及成因

中国气象观测业务规定，瞬时风速达到或超过 17 m/s 的风为大风。有大风出现的一天称为大风日。大风具有一定的破坏力，是常见的一种灾害性天气。

成因：主要是天气系统和寒潮造成。

(1)冷锋后强冷空气活动，以春季最多，冬季次之，夏季最少。

(2)温带低压如东北低压、蒙古气旋发展时,以春季居多。

其种类按照成因可分为:冷锋后偏北大风、高压后部偏南大风、温带低压发展时的大风、台风、龙卷风、雷暴大风(飑线)。

3. 齐齐哈尔大风日数情况简述

齐齐哈尔市的风速总体较小且盛行西北风。在地区分布上,自东南向西北减小,大风多发生在春季,5 级风、8 级风日数明显多于其他月份,夏秋次之,冬季最少,详见表 2.2。

表 3.5 齐齐哈尔各县(市)大风日数月分布情况(1991—2020 年)

月份	全市平均≥5 级风日数/d	最多≥5 级风日数/d	发生地点、时间	全市平均≥8 级风日数/d	最多≥8 级风日数/d	发生地点、时间
1 月	1.6	18.0	克东,2014 年	0.1	5.0	克东,2014 年
2 月	2.6	17.0	龙江,1993 年	0.2	3.0	讷河,1998 年;龙江,1997 年
3 月	7.2	21.0	讷河,1991 年	1.3	6.0	龙江,2000;甘南,2001;齐齐哈尔,2004 年;泰来,1997、2004、2012 年
4 月	11.1	23.0	讷河,1996 年	2.5	11.0	泰来,2001 年
5 月	12.2	28.0	甘南,1998 年	3.0	17.0	龙江,1998 年;甘南,1998 年
6 月	5.9	20.0	市区,2004 年	0.9	6.0	甘南,1996 年
7 月	3.4	14.0	甘南,2000 年;市区,2003 年	0.5	4.0	市区,1994 年
8 月	2.3	15.0	市区,2002 年、2003 年、2004 年	0.3	2.0	讷河,1993 年;克山,2013 年;克东,2000 年;龙江,1991 年、1998 年;依安,1993 年;甘南,2013 年;市区,2006 年;泰来,2002 年、2013 年
9 月	4.0	16.0	讷河,2001 年	0.5	5.0	克山,2020 年;甘南,1992 年;拜泉,2020 年
10 月	5.2	19.0	甘南,1993 年	0.7	8.0	甘南,2000 年
11 月	3.5	18.0	讷河,1994 年	0.4	3.0	讷河,1994 年、1995 年;克山,1994 年;克东,1994 年;拜泉,1994 年
12 月	1.6	10.0	市区,2003 年	0.1	2.0	讷河,1994 年;克东,2014 年;龙江,2000 年;拜泉,2014 年

据县级灾害普查及调查不完全统计显示，年大风日数最多的是齐齐哈尔市区，为 6 d，最少的是龙江，为 1.9 d。

从 2006—2020 年大风的季节分布情况看，春季大风次数最多，占 68%；夏季次之，占 18%；秋冬季节较少，详见图 3.6。

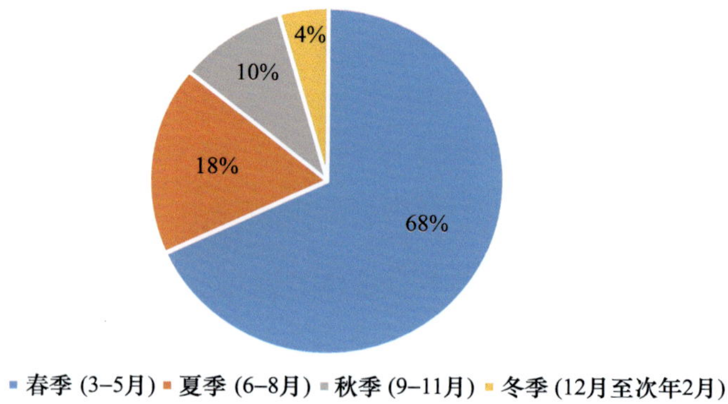

图 3.6　齐齐哈尔各季节大风日数占比

4. 大风对农业生产的影响

春季大风主要使土壤严重失墒，致使土壤底墒不足，加剧土壤干旱，影响作物播种。夏季大风可造成作物大面积倒伏，还可使玉米、水稻等作物授粉不均，从而出现秕谷，严重时可造成植株折断。秋季大风可造成作物倒伏、谷粒磨损，导致减产。

六、冰雹灾害

与其他灾害相比，冰雹灾害发生概率小、影响范围小、持续时间短，但突发性强、破坏力大。据县级灾害普查及调查不完全统计显示，1991—2020 年，齐齐哈尔市平均累积降雹日数为 25.7 d，年平均降雹日数为 0.9 d，详见表 3.6。

表 3.6　齐齐哈尔各县(市)累积降雹日数(1991—2020 年)

地区	讷河	克东	克山	拜泉	依安	富裕	甘南	龙江	齐齐哈尔	泰来	平均
降雹日数/d	24	25	36	26	25	13	35	43	20	10	25.7

从 1991—2020 年降雹次数月分布情况看(图 3.7)，冰雹多出现在 5—7 月，个别年份 4 月和 10 月也出现过，其中 6 月最多，占降雹总次数的 29%，7 月和 5 月分别占 21% 和 20%，10 月最少，占 1%。

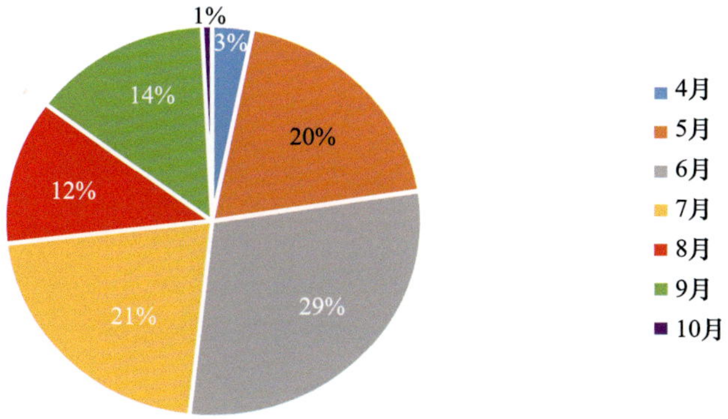

图 3.7 齐齐哈尔市各月降雹次数占比(1991—2020 年)

冰雹受地形影响显著。冰雹袭击的区域一般呈带状,俗称“雹打一条线”。调查结果表明各县(市)有以下的主要雹线。

甘南县:由中兴乡经长山乡北部一直到梅里斯区北部。

龙江县:从龙兴镇经沁河乡、山泉镇到景星镇。

讷河市:一条沿长发镇经同心乡到通河镇。另一条在其东北角区域龙河镇范围内。

依安县:一条由新兴乡经红星乡到上游乡。另一条在富饶乡到阳春镇范围内。

克山县:一条由发展乡经西城镇到北联镇。另一条在河北乡到向华乡。

富裕县:一条在友谊乡至富海镇。另一条在富路镇至繁荣乡。

拜泉县:一条在长春镇至大众乡。另一条在富强镇到龙泉镇。第三条在兴农镇到国富镇。

克东县:玉岗镇至润津乡一线。

泰来县:在泰来县南部的宏升村至长胜村一带。

第四章 农业气候区划

农业气候区划是齐齐哈尔农、林、牧、副、渔业等自然资源和区划的重要组成部分，是开发利用齐齐哈尔市农业气候资源的主要手段，是开展农、林、牧、副、渔业现代化规划的依据，可为实现农业高产稳产、趋利避害提供依据。

一、原则和指标

在农业气候资源、气象灾害以及生产潜力等综合分析的基础上，以农业气候指标为依据，按照农业气候相似原理，参考反映气候差异的地形、地貌等自然条件，本着当前农业生产实际情况着眼于农业区划和长远规划提供依据，为当前农业生产提供合理化建议。

农作物从播种到成熟是按照自身的特有规律生长发育的，在完成一个发育阶段后进入下一发育阶段，而这一发育过程进行速度是在水分条件满足的情况下取决于热量条件，温度越高发育越快，生育期缩短。因此，在农业气候区域划分时以热量条件为第一指标，以水分条件为第二指标，参照其他气候、地理因素和调查访问情况进行综合分区。

二、农业气候区划分

参考≥10 ℃积温(80%保证率)、自然降水、生长季降水地区分布情况，并结合温度生长期、气温等气候要素分布情况，将齐齐哈尔划分为五个农业气候区，分别为南部温暖干旱农业气候区、中西部温和半干旱农业气候区、中北部温凉半湿润农业气候区、西部丘陵漫岗温凉半湿润半农半牧气候区、东北部浅山波状平原冷凉农业气候区，详见图 4.1。

三、农业气候区指标及评述

1. 南部温暖干旱农业气候区

(1)该地区位于齐齐哈尔市的南部地区，为嫩江河谷的冲积平原地带，地势较低，是由半干旱区到半湿润区的过渡地带，自然降水缺乏是影响这一区域农业生产的关键因素。本区包括泰来县全部以及龙江县东南部的广厚乡、头站镇一线。

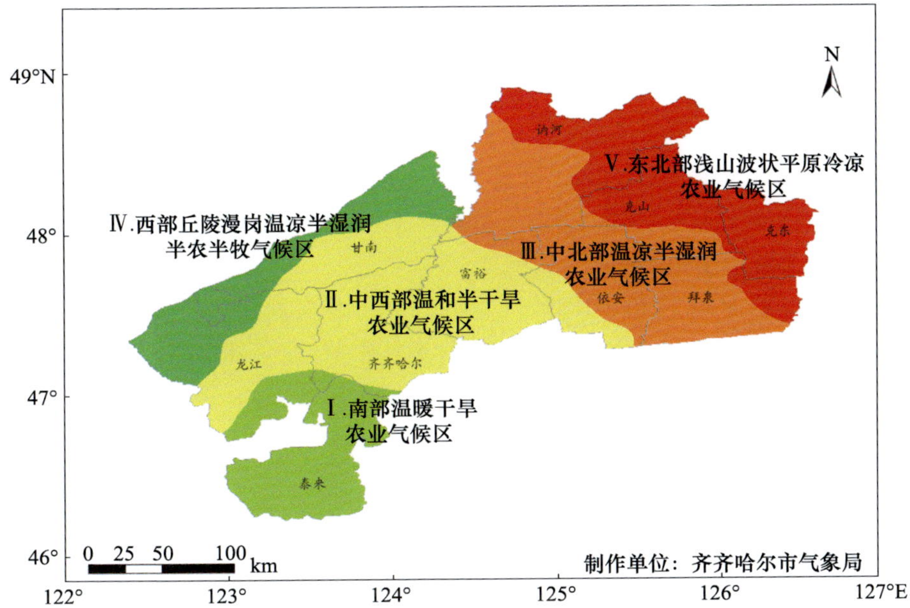

图 4.1　齐齐哈尔农业气候区划图

(2)本区气候条件：

①热量条件好，≥10 ℃积温(80%保证率)在 2900～3050 ℃ · d。

②温度生长期开始期基本在 4 月 10—13 日，终止期大部分在 10 月 1—2 日，温度生长期长度在 170～174 d。

③年平均气温在 4.5～5.5 ℃。

④初霜日期基本在 9 月 27—29 日，终霜日期在 5 月 6—9 日。无霜期 140～145 d。

⑤年平均降水量 409～450 mm，生长季降水量 360～400 mm，是全市降水最少、干旱最严重的区域。

⑥年平均暴雨日数基本在 0.60～0.80 d。

⑦年平均日照时数 2850～2950 h。

(3)适宜种植作物：晚熟大豆、晚熟玉米、中晚熟水稻。

(4)主要气象灾害：春季干旱和严重干旱，其次是低温冷害、洪涝、大风。

2. 中西部温和半干旱农业气候区

(1)该区位于齐齐哈尔市中西部及东南部，是嫩江冲积平原的中部地带，区内主要有嫩江、雅鲁河、音河、乌裕尔河等河流，沿岸地势低洼。本区主要包括齐齐哈尔市区、富裕县大部、龙江县的中东部、甘南县的中南部及依安县的西南角。

(2)气候条件：

①≥10 ℃积温(80%保证率)：2700～2900 ℃·d。

②温度生长期开始期主要在4月13—16日；终止期主要在9月27—28日，齐齐哈尔南部及龙江东南部在9月29—30日；温度生长期长度基本在164～170 d。

③年平均气温大部分在3.5～4.5 ℃。

④初霜日期在9月26—29日，终霜日期在5月10—12日。无霜期136～141 d。

⑤年平均降水量425～475 mm，生长季降水量375～425 mm。

⑥年平均暴雨日数0.70～0.90 d。

⑦年平均日照时数2750～2850 h。

(3)适宜种植作物：中熟大豆、中熟玉米、中熟水稻、甜菜等作物。

(4)主要气象灾害：低温冷害、干旱、洪涝、早霜、冰雹等。

3. 中北部温凉半湿润农业气候区

(1)该区位于齐齐哈尔市中北部，多为平原及一小部分由平原向浅山过渡的漫岗地，有嫩江、乌裕尔河中游贯穿于本区，主要包括富裕北部(二道湾镇、忠厚乡一带)、依安县、讷河市中南部、克山县南部、拜泉县中西部。

(2)气候条件：

①≥10 ℃积温(80%保证率)：2500～2700 ℃·d。

②温度生长期开始期大部分在4月16—19日，终止期大部分在9月24—26日；温度生长期长度在158～163 d。

③年平均气温大部分地区在2.5～3.5 ℃。

④初霜日期基本在9月23—25日，拜泉西部早1～2 d。终霜日期基本在5月10—13日，拜泉西部晚1～2 d。无霜期132～137 d，拜泉西部128～133 d。

⑤年降水量475～525 mm，生长季降水量425～450 mm。

⑥年平均暴雨日数0.70～0.90 d。

⑦年平均日照时数基本在2550～2750 h。

(3)适宜种植作物：中早熟玉米、甜菜、中早熟大豆，早熟水稻。

(4)主要气象灾害：低温冷害、洪涝。

4. 西部丘陵漫岗温凉半湿润半农半牧气候区

(1)本区位于齐齐哈尔市西部，以由平原向大兴安岭东麓过渡的丘陵漫岗地势为主，雅鲁河、音河、阿伦河、诺敏河等河流贯穿于本区。主要包括龙江县西部地区、碾子山区、甘南县的西北部。

(2)气候条件：

①≥10 ℃积温(80%保证率)大部在2500～2700 ℃·d，其中查哈阳乡至宝山乡一线以及龙江西部至碾子山区一带在2500～2600 ℃·d，其他地区在2600～2700 ℃·d。

②温度生长期开始期大部分在4月13—16日，龙江县西部地区在4月12—13日，最晚的在甘南县北部的查哈阳乡一带，在4月16—17日；终止期在9月25—28日；温度生长期长度162～166 d，甘南县北部的查哈阳乡一带在159～162 d。

③年平均气温跨度较大，在2.5～4.5 ℃，甘南县北部为2.5～3.5 ℃。

④初霜日期在9月21—25日，其中大部分地区在9月23—25日，龙江县西部地区和碾子山区的丘陵地带在9月21—22日。终霜日期在5月7—10日。无霜期133～140 d。

⑤年降水量475～500 mm，生长季降水量425～450 mm。

⑥年平均暴雨日数0.80～1.00 d。

⑦年平均日照时数2750～2900 h。

(3)适宜种植作物：中熟大豆品种、中熟玉米品种、甜菜等作物，在低谷和平原地带可以种植中熟水稻。

(4)主要气象灾害：低温、早霜。

5. 东北部浅山波状平原冷凉农业气候区

(1)本区位于齐齐哈尔市东北部，以由平原向小兴安岭西麓过渡的浅山高平原地势为主，纳谟尔河、乌裕尔河、双阳河等河流贯穿于本区，主要包括克东县、讷河市东北部地区、克山县中北部以及拜泉县的东北部。

(2)气候条件：

①≥10 ℃积温(80%保证率)在2200～2500 ℃·d，其中在讷河市北部的学田镇、老莱镇、龙河镇的北部，克山的西建乡、北联镇一带以及克东的玉岗镇、润津乡一带在2200～2400 ℃·d，其他地区在2400～2500 ℃·d。

②温度生长期开始期大部分在4月19—21日，讷河市北部、克山县东北部、克东县东北部在4月20—21日，其他区域在4月18—19日；终止期在9月23—24日。温度生长期大部在155～158 d，讷河、克山和克东等地的北部在150～155 d。

③年平均气温1.5～3.0 ℃。

④初霜日期跨度较大，在9月20—24日，其中大部分地区在9月20—22日，讷河市北部的学田镇、老莱镇一带以及克东北部在9月23—24日。终霜日期在5月13—16日，无霜期大部分126～133 d。

⑤年降水量500～550 mm，生长季降水量425～475 mm。

⑥年平均暴雨日数0.70～1.00 d。

⑦年平均日照时数2450～2650 h。

(3)适宜种植作物：早熟大豆、早熟玉米、甜菜等作物，在低谷和平原地带可以种植中熟水稻。

(4)主要气象灾害：低温、早霜。

第五章 主要农作物农业气象指标

农业气象指标是衡量农业气候条件利弊的尺度以及开展农业气象服务的科学依据和基础。本章介绍了齐齐哈尔市主要农作物不同生育阶段的适宜农业气象指标和不利农业气象指标，可为充分合理利用气候资源和防御农业气象灾害提供科学依据，为种植业结构调整提供决策依据。

一、玉米指标

1. 玉米播种期

(1)适宜气象指标：

①种子发芽最低温度稳定大于 8～10 ℃，气温 12 ℃以上。

②5～10 cm 地温大于 8 ℃即可播种，稳定在 10～12 ℃时为适宜播种期。

③播种时耕作层土壤湿度要求达到田间持水量的 60%～70%。

(2)不利气象指标及影响程度：

①温度低于 8℃，不利于播种出苗，可造成粉种。

②土壤田间持水量＜70%、干旱，不利于种子膨胀出芽。

③播种期干旱、降水量≤10 mm、无透墒雨，推迟播种。

(3)建议和防范措施：玉米播种期如遇干旱，最好采用灌溉播种或原垄玉米点播等措施，确保玉米适时播种出苗。

2. 玉米苗期

(1)适宜气象指标：

①苗期温度在 18～20 ℃，生长期最低温度＞10 ℃。

②5 cm 地温在 20～24 ℃为根系生长适宜温度。

③苗期降水量 80～180 mm，能满足苗期所需水分。

④耕作层土壤相对湿度＞70%，土壤水分充足，幼苗发育快。

(2)不利气象指标及影响程度：

①短时气温＜－1 ℃时幼苗受伤，短时气温＜－2 ℃时幼苗死亡。

②幼苗时遇到 2～3 ℃低温，影响正常生长。

③连阴雨≥5 天，玉米出苗慢。

④干旱：降水量＜50 mm，影响幼苗生长。

⑤水涝：降水量>100 mm，幼苗易弱黄或死亡。

(3)建议与防范措施：注意抗旱和排涝，避免出现内涝渍灾。

3. 玉米拔节抽穗期

(1)适宜气象指标：

①最适宜温度：24～26 ℃。

②水分充足，无“卡脖子旱”。土壤相对湿度≥70%，土壤含水量≥17%。

③无冰雹天气。

(2)不利气象指标及影响程度：

①温度<10 ℃，生长速度缓慢；温度<8 ℃，将延迟抽穗。

②在 8 月上中旬，玉米拔节抽穗前后 20 d 内无透雨，相对湿度≤70%。易出现“卡脖子旱”，导致玉米拔节抽穗叶子凋萎，雌穗不孕空秆，秃尖增多，严重减产。

(3)建议与防范措施：关注这一阶段的中长期预报，如降水较少及时灌溉浇水。另外，作好长期阴雨的排涝工作，防御内涝。

4. 玉米开花授粉期

(1)适宜气象指标：

①玉米授粉的适宜温度为 25～28 ℃。

②晴朗，微风，风力≤3 级。

③空气相对湿度 65%～90%。

④开花到成熟需降水量 100～280 mm。

⑤无高温干旱。

(2)不利气象指标及影响程度：

①温度偏高，达到 32～35 ℃，玉米授粉期易“捂包”。

②降水少，空气中相对湿度<50%，土壤相对湿度<70%，易出现干旱，导致花丝枯萎，开花甚少。

③阴雨或温度<18 ℃，花粉失去生命力，影响授粉。

④大风≥5 级，易引起柱头干枯。

⑤高温干旱，气温≥35 ℃，1～2 h 花粉死亡。

(3)建议与防范措施：玉米开花授粉期注意防旱，及时灌溉，预防温度偏高或偏低。

5. 玉米成熟期

(1)适宜气象指标：

①最适宜温度条件为 20～24 ℃。

②天气晴朗且温暖。

③土壤水分充足。

(2)不利气象指标及影响程度:

①温度在 25～30 ℃,干热天气引起过早成熟,籽粒灌浆不足。

②温度<16 ℃,灌浆停止,延迟成熟。

③连阴雨>10 d,影响玉米成熟的质量。

④干旱,不利于干物质的积累,结实不饱满。

⑤持续数小时的－3～－2 ℃的霜冻,造成植株死亡。

(3)建议与防范措施:玉米成熟后,及时收获、脱粒、晾晒、库存。

二、水稻指标

1. 水稻育苗期

当气温稳定通过 5 ℃,棚内置床温度在 12 ℃以上时开始播种,一般在 4 月 18 日前结束。从播种到第一叶露尖,约需 7～9 d,此期以培育种子根为主,要求根系长的粗、长的长、根须多、根毛多。突出育苗先育根,育根先育种子根的原则。管理重点是控温,要求棚内温度不超过 32 ℃,超过此温度时开始通风。此期一般不浇水,如湿度过大或局部过湿时撤膜散墒,晚上再覆上地膜,露种处要适当覆土。当秧苗出苗 80%时,在早晨 8 时前或晚上 5 时后揭去地膜,严防中午高温时揭膜导致阳光灼伤秧苗。从出苗到第一完全叶展开需 5～7 d,管理重点是地上部控制第一叶鞘高度不超过 3 cm,地下部促发与第一叶同伸的叶鞘节 5 条根系。棚温控制在 22～25 ℃,最高不超过 28 ℃,及时通风炼苗。水分管理:除苗床过干处补水外,一般少浇或不浇水,使苗床保持旱育状态。水稻在第 2～3 叶展开时,防止茎叶徒长,重点是控制温度和水分,棚温控制在 20～22 ℃,最高不超过 25 ℃。

2. 水稻插秧期

当气温稳定通过 12.5 ℃、泥温 15 ℃时为插秧始期,一般 5 月 10 日开始插秧,5 月 25 日结束。水稻高产插秧期是 5 月 15—25 日。

3. 水稻分蘖期

水稻进入有效临界叶位,11 叶品种 8 叶时,田间茎数达计划茎数 80%时,在 7 叶期开始晒田控蘖,控制 9 叶的同伸分蘖发生。水稻分蘖期需要充足的光照,适宜的气温、地温以及充足的氮素营养。

4. 防治稻瘟病的最佳时期

在水稻 9.1～9.5 叶期防治水稻叶瘟,孕穗末期－始穗前期(抽穗 5%～20%左右)防治水稻稻瘟病。水稻穗颈瘟的防治应作为常规措施,有病无病,此期必须防治,齐穗期后 15～20 d 防治枝梗瘟、粒瘟。保证 6 月份水稻分蘖期入田水温 15 ℃以上,7 月份水稻长穗期入田水温在 17 ℃以上,减数分裂期水温在 18 ℃以上。

5. 水稻安全抽穗期

11 叶片品种的水稻 7 月 25 日至 8 月 5 日为安全齐穗期,保证结实期活动积温 850～900 ℃・d。8 月份水稻结实期入田水温 20 ℃以上,光照充足、微风的天气最为适宜。

6. 水稻安全成熟期

水稻在 9 月 15 日前安全成熟,安全成熟的标志为水稻黄化完熟率 95%以上。这个时期对温度不敏感,有充足的光照即可。

7. 水稻收获期

水稻在 9 月末开始收获,在晴朗、微风的天气收获最为有利。

三、大豆指标

1. 大豆播种和出苗期

(1)适宜气象指标:

①大豆喜光喜温。

②日平均气温达到 6～7 ℃,土壤化冻 15～20 cm 即可播种。

③气温 12～16 ℃,土壤相对湿度 60%～90%有利于出苗。

(2)不利气象指标及影响程度:

①日平均气温<4 ℃,大豆播种后不能发芽;10 cm 地温低于 8 ℃,种子不能发芽。

②幼苗期温度<－3℃,幼苗将遭受冻害。

③干旱,土壤湿度小,对发芽不利。

④长连阴雨,日数>10 d,种子易腐烂。

(3)建议与防范措施:遇有干旱天气时,及时抗旱保墒播种,争取全苗、壮苗。

2. 大豆开花结荚期

(1)适宜气象指标:

①无伏旱,降水量正常,在 70～130 mm。

②无连阴雨,连续降水日数<2 d。

③适宜温度为日平均气温 23～26 ℃。

④空气相对湿度 70%～80%。

⑤土壤水分充足。

(2)不利气象指标及影响程度：

①连阴少光，日照时数<6 h，开花期光照不足，花量大量减少，造成减产。

②气温低于 15 ℃或高于 30 ℃，对开花不利，落花严重。

③气温低于 13 ℃时停止开花。

④空气相对湿度超过 90%或低于 20%，不利于开花，影响严重。

⑤气候变化，易落花落荚。

(3)建议与防范措施：出现伏旱时及时灌溉，保障开花结荚和光合作用的顺利进行。

3. 大豆鼓粒期

(1)适宜气象指标：

①适宜温度为日平均气温 23～25 ℃。

②适宜的土壤相对湿度为 70%～85%。

③充足的光照。

(2)不利气象指标及影响程度：

日平均气温低于 23 ℃、灌浆不畅，容易造成秕粒。

4. 大豆成熟期

(1)适宜气象指标：

①阳光充足、天气干燥，有利成熟。

②温度适宜，18 ℃左右。

③无大风，风力<3 级；无高温，气温<35 ℃。

④无超过 7 d 的连阴雨。

⑤土壤相对湿度在 65%～75%为宜。

(2)不利气象指标及影响程度：

①气温偏高，超过 30 ℃时大豆易炸荚；气温偏低，低于 15 ℃时不利于成熟。

②连阴雨超过 7 d，不利于成熟和收打。

③风力≥5 级，大豆成熟后期易炸荚。

(3)建议与防范措施：注意大豆成熟后，及时收打晾晒入仓。

第六章 合理利用气候资源的建议

《"十四五"推进农业农村现代化规划》(国发〔2021〕25 号)中指出，提升农业标准化水平，建立健全农业高质量发展标准体系，强化农产品营养品质评价和分等分级。加强绿色食品、有机农产品、地理标志农产品认证和管理，建立健全农业品牌监管机制。全国气象发展"十四五"规划强调，提升农业气象服务水平，强化关键农时气象服务。深化高标准农田精细化气象服务，强化国家粮食安全保障。加强特色农业气象服务。积极推动农村气象防灾减灾纳入数字乡村建设，做好平安乡村建设气象服务。

为落实"十四五"规划要求，使齐齐哈尔市的气候资源在为农业生产过程中充分发挥效益，尽可能地减轻或减少气象灾害带来的危害，保障齐齐哈尔市农业经济稳定发展，从气候角度对合理利用和保护齐齐哈尔市气候资源提出如下几点建议：

(1)根据已开发的气候资源，因地制宜，建设好优质农业生产基地。根据农业气候区划合理布局农业和牧业，调整种植结构，努力使气候资源优势充分转化为农产品优势。

(2)根据气候资源，因地制宜规划农林牧等综合经济。

(3)积极推广各种农业实用技术，提高农业生产科技水平。

(4)严格控制森林不合理采伐和采伐量过大，坚持搞好营林护林工作，防止土壤沙化，逐步提高齐齐哈尔市的森林覆盖率，制定保护湿地和草原的规划，保护生态环境的良性循环。

(5)认真对待齐齐哈尔市农业生产中面临的两个主要气象灾害：低温冷害和旱涝灾害。要充分利用有限的气候资源，防御低温冷害。适时早播，力争一次播种保全苗。在平均气温稳定通过 0 ℃，土壤融化 3～5 cm，早期野草莓展叶，蒲公英出土，春整地；平均气温稳定通过 5 ℃，车前子展叶，蒲公英展叶盛期，土壤化冻 30 cm 以上，播种大豆、谷子正适时；平均气温稳定通过 8 ℃，土壤融化 40 cm，紫丁香开花，车前子展叶盛期，播种玉米正适宜。应对旱涝灾害，要充分发挥水利工程设施的作用，提高对旱涝灾害防御能力，力争做到旱能灌、涝能排；充分发挥人工影响天气在抗旱工作中的作用。

(6)由于齐齐哈尔市行政版图南北跨近三个纬度之多，热量随纬度增加而减少，小气候多变，必须根据各气候区的积温状况培育或引进早熟、高产、耐寒的作物品种。采用地膜覆盖保墒、育苗移栽等技术，延长生育期。大棚种植来调节小气候。营造农田防护林，改善田间小气候，改善农田的温湿效应。

(7)"十四五"时期，我国生态文明建设进入减污降碳协同增效、推动全面绿色转型的关键期。齐齐哈尔将开展气候变化及碳达峰碳中和监测预报评估基础理论和技术研究。统筹布局，完善应对气候变化工作体系，强化齐齐哈尔市气候变化及风能太阳能开发利用与保护、温室气体及碳中和监测评估科技支撑能力建设。开展碳中和行动有效性评估，开展碳达峰碳中和目标下高精度的风能和太阳能资源互补的气候评估，重点地区分辨率分别达到百米级和1千米，提升风能太阳能监测能力。提升气候资源合理开发利用能力，为气候承载力评价、气候可行性评估、碳中和评估提供气象服务。

参考书目

胡毅，李萍，杨建功，等，2010. 应用气象学(第二版) [M]. 北京：气象出版社.

姜会飞，段若溪，2017. 农业气象学[M]. 北京：气象出版社.

潘华盛，刘育生，1991. 三江平原天气气候与农业[M]. 北京：气象出版社.

曲曼丽，1991. 农业气候实习指导[M]. 北京：北京农业大学出版社.

IPCC，2014. Climate change 2013：The Physical science basis. Working group I contribution to the IPCC fifth assessment report of the Intergovernmental panel on climate change[M]. Cambridge，UK：Cambridge University Press.

附表 齐齐哈尔市农业气候区及气象指标

气候区	气候区名称	气候区气候指标	所含区域	适宜种植作物	主要气象灾害
第Ⅰ气候区	南部温暖干旱农业气候区	①≥10 ℃积温(80%保证率):2900～3050 ℃·d。 ②温度生长期开始期:4月10—13日,终止期:10月1—2日,温度生长期长度:170～174 d。 ③年平均气温:4.5～5.5 ℃。 ④初霜日期:9月27—29日,终霜日期:5月6—9日,无霜期:140～145 d。 ⑤年平均降水量:409～450 mm,生长季降水量:360～400 mm。 ⑥年平均暴雨日数:0.60～0.80 d。 ⑦年平均日照时数:2850～2950 h	位于齐齐哈尔市的南部地区,主要包括泰来县全部,以及龙江县东南部的广厚乡、头站镇一线	晚熟大豆、晚熟玉米、中晚熟水稻	春季重旱(干旱),低温冷害、洪涝、大风
第Ⅱ气候区	中西部温和半干旱农业气候区	①≥10 ℃积温(80%保证率):2700～2900 ℃·d。 ②温度生长期开始期:4月13—16日;终止期:9月27—30日,温度生长期长度:164～170 d。 ③年平均气温:3.5～4.5 ℃。 ④初霜日期:9月26—29日,终霜日期:5月10—12日,无霜期:136～141 d。 ⑤年平均降水量:425～475 mm,生长季降水:375～425 mm。 ⑥年平均暴雨日数:0.70～0.90 d。 ⑦年平均日照时数:2750～2850 h	位于齐齐哈尔市中西部及东南部,主要包括齐齐哈尔市区、富裕县大部、龙江县的中东部、甘南县的中南部及依安县的西南角	中熟大豆、中熟玉米、中熟水稻、甜菜等作物	低温冷害、干旱、洪涝、早霜、冰雹等

续表

气候区	气候区名称	气候区气候指标	所含区域	适宜种植作物	主要气象灾害
第Ⅲ气候区	中北部温凉半湿润农业气候区	①≥10 ℃积温(80%保证率):2500～2700 ℃·d。 ②温度生长期开始期:4月16—19日,终止期:9月24—26日;温度生长期长度:158～163 d。 ③年平均气温:2.5～3.5 ℃。 ④初霜日期:9月23—25日,终霜日期:大部地区在5月10—13日,无霜期:大部地区在132～137 d。 ⑤年降水量:475～525 mm,生长季降水量:425～450 mm。 ⑥年平均暴雨日数:0.70～0.90 d。 ⑦年平均日照时数:2550～2750 h	位于齐齐哈尔市中北部,主要包括富裕北部(二道湾镇、忠厚乡一带)、依安县、讷河市中南部、克山县南部、拜泉县中西部	中早熟玉米、甜菜、中早熟大豆,早熟水稻	低温冷害、洪涝
第Ⅳ气候区	西部丘陵漫岗温凉半湿润半农半牧气候区	①≥10 ℃积温(80%保证率):2500～2700 ℃·d。 ②温度生长期开始期:4月12—17日,终止期:9月25—28日;温度生长期长度:159～166 d。 ③年平均气温:跨度较大,2.5～4.5 ℃。 ④初霜日期:9月21—25日,终霜日期:5月7—10日,无霜期:133～140 d。 ⑤年降水量:475～500 mm,生长季降水量:425～450 mm。 ⑥年平均暴雨日数:0.80～1.00 d。 ⑦年平均日照时数:2750～2900 h	位于齐齐哈尔市西部,主要包括龙江县西部地区、碾子山区、甘南县的西北部。	中熟大豆、中熟玉米、甜菜等作物,在低谷和平原地带可以种植中熟水稻。	低温、早霜。

续表

气候区	气候区名称	气候区气候指标	所含区域	适宜种植作物	主要气象灾害
第Ⅴ气候区	东北部浅山波状平原冷凉农业气候区	①≥10 ℃积温(80%保证率):2200～2500 ℃·d。 ②温度生长期开始期:4月18—21日,终止期:9月23—24日。温度生长期长度:150～158 d。 ③年平均气温:1.5～3.0 ℃。 ④初霜日期:9月20—24日,终霜日期:5月13—16日,无霜期:126～133 d。 ⑤年降水量:500～550 mm,生长季降水量:425～475 mm。 ⑥年平均暴雨日数:0.70～1.00 d。 ⑦年平均日照时数:2450～2650 h	位于齐齐哈尔市东北部,主要包括克东县、讷河市东北部地区、克山县中北部以及拜泉县的东北部	早熟大豆、早熟玉米、甜菜等作物,在低谷和平原地带可以种植中熟水稻	低温、早霜

齐齐哈尔市

农业气候区划

气象出版社

关注官方微信

ISBN 978-7-5029-7964-5

9 787502 979645 >

定价：58.00元

编委会